NINA ERNST

Zufriedene Stubentiger

Müller Rüschlikon

Einbandgestaltung: *Kornelia Erlewein*
Titelbild: *Sylvia Born, www.sylviaborntierfoto.de*

Bildnachweis: *U2: © iofoto-Fotolia.com; U4: aboutpixel.de katzengolf II © oliver vilzmann; Seite 3: Janchen / pixelio.de; Seite 4: Dieter Haugk / pixelio.de; © Andrea Schneider (www.andrea-schneider.eu); Seite 5: Gabriela Prokop / pixelio.de; Seite 6: Dieter Haugk / pixelio.de; Seite 7: Jasmin Jandera / pixelio.de; Seite 8: Christoph S. / pixelio.de; Seite 9: mondzart-hohenlohe / pixelio.de; Seite 10: Andreas Zöllick / pixelio.de; Seite 11: kammersystole / pixelio.de; Seite 12-13: © Electronic Arts; aboutpixel.de Stubentiger 2 © Enrico Hatzmann; Seite 14: Urgixgax / pixelio.de; Seite 16: Robert Babiak / pixelio.de; Seite 17: Torsten Bogdenand / pixelio.de Seite 18: Siegbert Pinger / pixelio.de; Seite 19: © Andrea Schneider; Andrea Kaphingst / pixelio.de; A. Friedrich-Baack / pixelio.de; Kim Schnackenberg / pixelio.de; Michaela Schöllhorn / pixelio.de; Seite 20: Jenny Horn / pixelio.de; Seite 21: Thorsten Müller / pixelio.de; Seite 24: Kurt Michel / pixelio.de; Seite 25: Torsten Bogdenand / pixelio.de (2); Seite 26: BrandtMarke / pixelio.de (3); Seite 29: aboutpixel.de tiger © Thomas Pieruschek; © Andrea Schneider; Seite 30-31: Martin Müller / pixelio.de; Seite 33: aboutpixel.de Kastration © Ute Pelz; © E.Ernst; Seite 34: © Andrea Schneider; Seite 36: Margit Völtz / pixelio.de; Seite 37: Hinnerk / pixelio.de; Seite 38: mediaflair / pixelio.de; Seite 39: Peter Behrens / pixelio.de; Seite 41: Joujou / pixelio.de; Seite 42: aboutpixel.de Besi & Muci © alica; Seite 43: Monika Tugcu / pixelio.de; Seite 44: aboutpixel.de Tatzenfreude © Kwiveo Oeviwk; © E.Ernst; Seite 45: asrawolf / pixelio.de; Seite 47: aboutpixel.de Katze II © Paul Hakimata; Seite 48, 49: Gabriela Prokop / pixelio.de (2); Seite 50: Miginfo / pixelio.de (2); aboutpixel.de „das interessiert mich nicht ...“ © Fred Elff; aboutpixel.de Katze auf Kratzbaum © Enrico Hatzmann; Seite 51: Markus Kräft / pixelio.de; Seite 52: aboutpixel.de Doofer Hund! © Marlene W.; Seite 53: Wendy / pixelio.de; Klaus Steves / pixelio.de; lukidum / pixelio.de; Seite 54: nimkenja / pixelio.de; Seite 55: aboutpixel.de Unwiderstehlich gut im Geruch © Melanie Opalka; Seite 57: atr-jpfuss / pixelio.de; © Minou Amélie-Fotolia.com; andreas stix / pixelio.de; aboutpixel.de Katze beim Schlafen © chhmz; Seite 58: aboutpixel.de / Mary © Katharina Fischer; Seite 59: aboutpixel.de Nala guckt skeptisch.... © yvonne allen; Seite 61: Heigl D. / pixelio.de (3); Seite 62: aboutpixel.de / Schlafen © Thomas Günther; Seite 63: aboutpixel.de Im Trüben fischen © chhmz; Seite 64: aboutpixel.de / Simba © Bianca S; Seite 65: Barbara Adams / pixelio.de; Seite 66: David Stichling / pixelio.de; Seite 67: Rudi / pixelio.de; Betty / pixelio.de; Willi217 / pixelio.de; Seite 68: Martina Anger / pixelio.de; aboutpixel.de ich guck nicht! © N N; aboutpixel.de The eye of the tiger ... © N N; Seite 70: roedi007 / pixelio.de; Seite 71: Sybille Daden pixelio.de;Seite 72: aboutpixel.de desire © Stefan Zimmer; aboutpixel.de katzengolf II © oliver vilzmann; Seite 73: Hannes Keller, Sontheim / pixelio.de; Seite 74: Heinrich Tönspeterotto / pixelio.de; Seite 75: by-sassi / pixelio.de; Thorsten Müller / pixelio.de; Susan Hauke / pixelio.de; Seite 76: Pepsprog / pixelio.de; Seite 79: aboutpixel.de +++fröhlich+++ © Melanie Opalka; aboutpixel.de mietz mietz mietz © marshi; Seite 80: Jörg Siebauer / pixelio.de; Seite 82: © Andrey Danilovi-Fotolia.com; Seite 84: © Andrea Schneider; aboutpixel.de klettern © Uwe Dreßler; Seite 86: © Lemonade-fotolia.com; Seite 88: © Michael Pettigrew-fotolia.com, Seite 91: © tankist276-fotolia.com; Seite 92: © Andrea Schneider; Seite 93: Ron / pixelio.de; Seite 94: © E.Ernst*

Eine Haftung für Personen-, Sach- und Vermögensschäden ist ausgeschlossen.

ISBN 978-3-275-01760-7

Postfach 103743, 70032 Stuttgart
Ein Unternehmen der Paul Pietsch Verlage GmbH & Co. KG
Lizenznehmer der Bucheli Verlags AG, Baarerstr. 43, CH-6304 Zug

1. Auflage 2011

Sie finden uns im Internet unter www.mueller-rueschlikon-verlag.de

Lektorat: Claudia König
Innengestaltung: Elmar Ernst
Druck und Bindung: Gaspo CZ, 76302 Zlin
Printed in Czech Republic

Zufriedene Stubentiger: Auch ohne Freigang lässt es sich glücklich leben, wenn der Mensch für Abwechslung sorgt.

Inhalt

Kapitel 1

Vom Wildtier zum Kuscheltiger

Katzen faszinieren. Menschen schätzen vor allem deren Eigensinn und Selbstständigkeit. Doch ist es möglich, solch freiheitsliebende Tiere in der Wohnung zu halten? Ohne dass sie unglücklich werden? Ja. Aber nur, wenn Katzenhalter ihre Wohnung in ein spannendes und behagliches Revier verwandeln, in dem die Katze all ihre natürlichen Verhaltensweisen ausleben kann.

Die urbane Katze – Bequem statt wild

Katzen sind auf dem Vormarsch. Den Hund als Deutschlands Haustier Nummer Eins haben sie längst abgelöst. Früher waren die Samtpfoten meist auf dem Bauernhof oder im Einfamilienhaus am Stadtrand anzutreffen. Inzwischen bevölkern sie gleichermaßen unsere Großstädte.

Leben in der Luxusherberge

In der Stadt ist Miez im Gegensatz zu Bello selten sichtbar. Denn einige Katzen unternehmen erst nachts ihre Streifzüge, wenn sie von Menschen und Autos ungesehen und ungestört herumlaufen können. Der Großteil von ihnen verlässt wegen mangelnder Möglichkeiten erst gar nicht die Etagenwohnung. Dennoch wollen auch viele Großstadtbewohner ohne Garten nicht auf den Partner Katze verzichten. Schließlich kann der Vierbeiner zum treuen Freund werden, der Freude und Sorgen mit einem teilt, Lebensfreude und zugleich Gemütlichkeit in die eigenen vier Wände bringt. Das Leben in der Großstadt scheint für Katzen auf den ersten Blick unnatürlich. Die Vierbeiner verbringen ihre Tage in Katzenhängematten und Samtkörbchen, fressen aus Keramiknäpfen Häppchen in Gelee und jagen zum Zeitvertreib hinter Papierschnipseln und Filzmäusen her. Statt sich selbst zu versorgen, werden die leisen Jäger zum ewigen Kind, betteln ihre Halter lautstark an wie Katzenbabys ihre Mutter. In Sachen Ernährung sind sie oft hundertprozentig abhängig von ihren Menschen. Die übernehmen zusätzlich Fellpflege, Unterhaltung und Sozialfunktion.

Ganz schön verrückt, wenn man sich im Vergleich die wilden Verwandten ansieht. Bei ihnen entscheiden allein Jagderfolg und Flucht vor Gefahren über das tägliche Überleben. Aber auch nicht verrückter als die Veränderungen, die der Mensch im Laufe der Geschichte durchlebt hat, inklusive Transatlantikflügen, Fließbandarbeit und Diätenwahn. Zum Glück ist Miez fast so anpassungsfähig und kompromissbereit wie wir. Komfort statt Freiheit heißt das Motto im Leben vieler moderner Hauskatzen. Natürlich haben sie andere Bedürfnisse und Ansprüche an eine Wohnung als wir. Was für uns die Größe des Fernsehers und die Wohnlage, sind für sie Fenstergröße, Kletter- und Versteckmöglichkeiten. Die Bedürfnisse seiner Katze kennen zu lernen ist gar nicht so schwer. Auch die entsprechende Umsetzung, damit die Tiere ihre natürlichen Verhaltensweisen ausleben können, erfordert weder viel Geld noch Geschick. Nur etwas Einfühlungsvermögen, ein wenig Kreativität und vor allem Zeit. Damit kann jeder seiner Katze ganz einfach ein artgerechtes Zuhause bieten, in dem sie nichts vermisst, und sein eigenes Leben nebenbei um einen ganz besonderen Freund bereichern.

Einmal Fisch, bitte! Wohnungskatzen sind vollkommen von uns Menschen abhängig.

Katz und Mensch – Eine Partnerschaft mit Tradition

Katzen polarisieren. Sie haben die Menschheit selten kalt gelassen. So sprichwörtlich sprunghaft das Wesen der Katze, so wechselhaft war unsere Beziehung zu den Samtpfoten im Lauf der Geschichte. Wir haben sie angebetet und verteufelt, umsorgt und gejagt.

Erste Annäherung

Angefangen hat alles im alten Ägypten. Legenden ranken sich dort nicht nur um den Bau der Pyramiden und Pharaonenkult. Ebenso sagenumwoben ist der Beginn der Partnerschaft zwischen Mensch und Katz. Einige Experten vermuten, die von Tieren begeisterten Ägypter wären der Schönheit der Wildkatzen erlegen. Sie hätten sie gezähmt wie andere Tierarten auch, um ihre Häuser mit den eleganten Wesen zu schmücken. Dass die Samtpfoten Haus und Hof frei von Mäusen hielten, war nicht mehr als ein positiver Nebeneffekt.

Weit verbreiteter ist die Theorie, Katzen hätten sich als bislang einzige Tierart selbst domestiziert und die Kornspeicher der Ägypter samt den darin lebenden Mäusen als praktische Speisekammer entdeckt. Da durch die vierbeinigen Jäger die Nahrungsvorräte vor Schädlingen geschützt waren, bekamen die Samtpfoten Aufenthaltsrecht. Diese Theorie macht die Katzen nicht nur sympathischer und unterstreicht die ihnen oft zugeschriebene Mystik, sondern passt auch so viel besser zum eigensinnigen Wesen der Opportunisten. Deshalb ist diese Hypothese weit stärker in unseren Köpfen verankert als die eher banal erscheinende Zähmungstheorie. Ob sie sich selbst domestiziert haben, wir sie oder gar umgekehrt, ob freiwillig oder nicht: Ohne die Kompromissbereitschaft der Katzen wäre diese Jahrtausende alte Partnerschaft nicht möglich gewesen. Die Katzen gaben Schritt für Schritt ihre Freiheit auf und bekamen im Gegenzug Bequemlichkeit. Für das sagenumwobene Mäuse fangen oder aber ihre Schönheit bekamen sie ein Dach über dem Kopf, für das Dulden der menschlichen Nähe ein sicheres, warmes Plätzchen im Haus bis hin zum Dosenfutter, speziellem Spielzeug und Luxusinterieur zum Ausgleich der fehlenden Freiheit in der Stadtwohnung.

Im Leben der alten Ägypter spielten Katzen eine große Rolle. Das beweisen Hyroglyphen und Funde von Katzenmumien.

Wüsste diese Katze, wie sehr ihre Art polarisiert, würde sie wohl nicht so gemütlich entspannen. Ihre Vorfahren wurden gleichmals vergöttert wie gejagt.

Historischer Katzenkult

Die alten Ägypter haben Katzen vergöttert. Fruchtbarkeitsgöttin Bastets Löwengestalt wurde bald gegen eine Frau mit Katzenkopf oder eine sitzende Katze ausgetauscht. Von da an besaß Bastet noch die positiven, lebensbejahenden Charaktereigenschaften, während die einst negativen auf die Göttin Sachmet übergegangen sind. Bastet zu Ehren wurden Feste gefeiert und Tempel erbaut. Katzenmumien und -Friedhöfe zeugen von der großen Verehrung der Samtpfoten. Die angebeteten Tiere sind die Urahnen unserer Hauskatzen. Sie wurden nach dem Tod wie Familienmitglieder betrauert: Mit dem traditionellen Abrasieren der Augenbrauen samt Trauerkleidung. Das Töten einer Katze wurde hart bestraft, manchmal sogar mit dem Tod. Auch bei unseren Vorfahren, den Germanen, waren Katzen einst angesehen. Dabei handelt es sich aber um die heute noch in deutschen Wäldern lebende Wildkatze, die nicht mit unseren Stubentigern verwand ist. Ihren weltweiten Siegeszug verdankt die Hauskatze den Seefahrern. Obwohl das Ausführen der heiligen Tiere aus Ägypten verboten war, haben Seeleute sie

Früher Futter, heute Spielkamerad? Wir verdanken den Mäusen die traditionsreiche Partnerschaft zwischen Mensch und Katze. Die Nager haben einst in Ägypten die Katzen in die Kornspeicher und so in die Nähe der Menschen gelockt.

per Schiff nach Europa geschmuggelt. Erst nach Griechenland, dann nach Italien und von dort gelangten sie in den Rest Europas. Auf See waren die Tiere ein willkommener Schutz für Vorräte und wertvolle Handelsgüter vor Mäusen und Ratten.

Gejagt und verteufelt

In Europa hatten die Katzen es nicht immer leicht. So wie die Ägypter sie angebetet haben, wurden sie im Mittelalter hierzulande gejagt. Sie wurden verbrannt, eingemauert, lebendig begraben, gesteinigt. Für heidnische Bräuche und das Brauen von Wundertränken ebenso gequält und getötet wie von der Inquisition und Hexenjägern, die in ihnen Gehilfen des Bösen vermuteten. Die Folge war eine rasant wachsende Rattenpopulation und schnelle Ausbreitung der von Rattenflöhen übertragenen Pest. Und nebenbei das Verschwinden von komplett schwarzen Katzen, von speziellen Rassen und Züchtungen abgesehen. Denn die geheimnisvoll aussehenden, schwarzen Katzen wurden besonders gnadenlos gejagt, weshalb ihr Erbgut verschwunden ist. Wer sich heute eine schwarze Katze ganz genau ansieht, entdeckt an ihr meist kleine, weiße Flecken oder zumindest vereinzelte, andersfarbige Haare.

Heute ist die Katzen weitaus mehr als nur ein Mitbewohner. Sie ist Freund, Sozialpartner und oft sogar gleichwertiges Familienmitglied.

Modernes Kultobjekt

Zwar sind schwarze Katzen manchen Menschen immer noch unheimlich und bringen sprichwörtliches Unglück, aber seit einigen Jahrhunderten erfreut sich die Katze wieder eines positiven Rufs, tauchte schrittweise in Märchen, Geschichten und der Malerei auf. Züchterverbände und immer neue Rassen zeigen: Katzen haben viele Fans. Inzwischen steht die Katze wieder so hoch im Kurs wie zur Zeit der Pharaonen. Zwar baut ihr niemand Tempel und gigantische Statuen, aber sie wird nicht minder geliebt und verehrt. Viele leben als reine Stubentiger enger mit den Menschen zusammen als je zuvor. Sie sind Freund, Sozialpartner und Familienmitglied. Halter feiern die Geburtstage ihrer Lieblinge, diskutieren über sie im Internet, tauschen Fotos aus und melden sie sogar in sozialen Netzwerken wie Facebook an. Die Haustierindustrie boomt selbst in Zeiten von Wirtschaftskrisen wie kaum ein anderer Industriezweig. Sparen viele doch lieber am eigenen Luxus als am Tier. Auch aus Film, Cartoon und Literatur sind die Vorbilder Bastets nicht wegzudenken. Kein Wunder, haftet den geheimnisvollen Tieren neben all den vielfältigen Eigenschaften immer noch das Mystische aus ihrer Zeit als Gottheit an.

Die Katze in der Pop-Kultur

Katzen sind in. Nicht nur als Partner aus Fleisch und Blut, sondern auch als Teil der Pop-Kultur. Viele prominente Samtpfoten sind ein fester Bestandteil unserer Medienlandschaft. Einige prominente Katzen:

- *Garfield – Die verfressenste Katze der Comic-Welt*
- *Fritz the Cat – Erwachsenen-Cartoons um die Abgründe eines Katers*
- *Simon´s Cat – Die Videoclips sind im Internet Kult*
- *Tom & Jerry – Die bekannteste Version des Katz- und Mausspiels als Zeichentrickserie*
- *Catwoman – Die sexy Katzenfrau macht Batman das Leben schwer*
- *Aristocats – Der Disney-Klassiker um herrenlose, musizierende Katzen*
- *Felidae – Akif Pirinçcis Krimibücher um Kater Francis*
- *Grinsekatze – Der mystische Bewohner von Alices Wunderland*
- *Hello Kitty – Die stark verniedlichte Katze aus Japan ziert Kleidung und Accessoires*

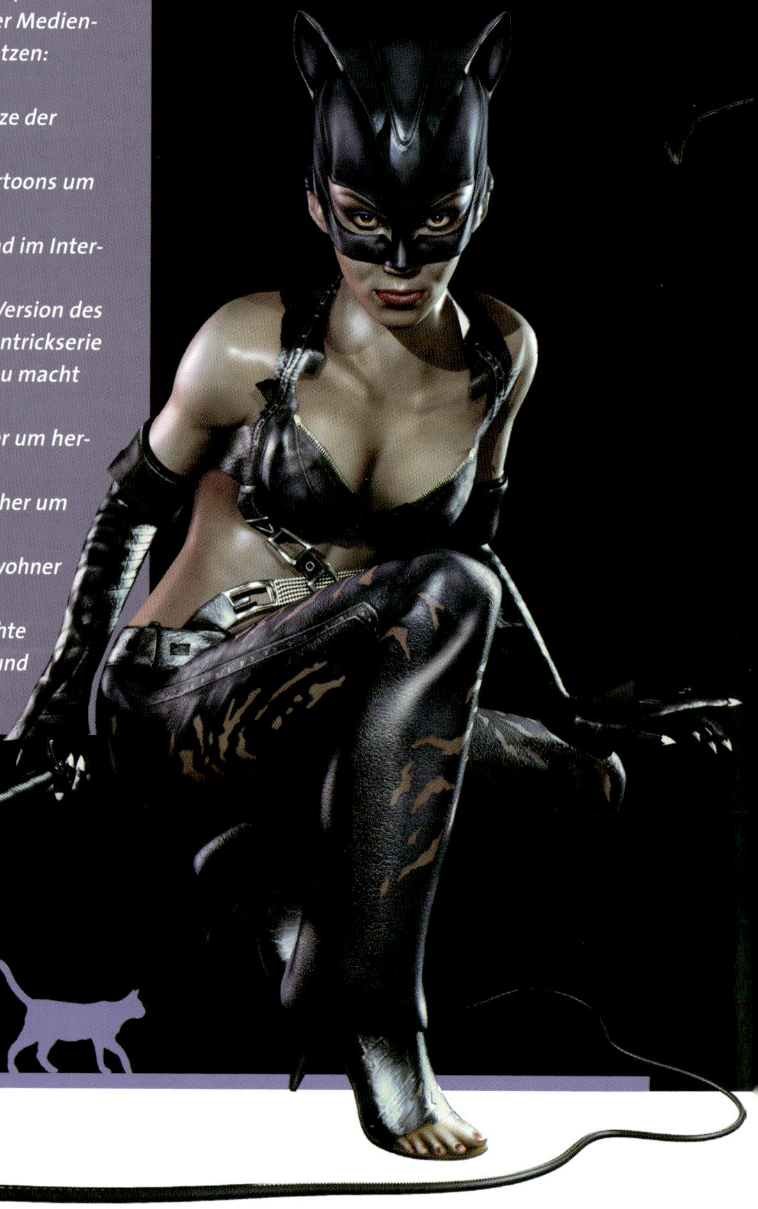

Die Katze prägt als modernes Kultobjekt die Pop-Kultur, hier im Video-spiel um Comicheldin Catwoman.

Filmstar statt Gottheit, Haustierforum statt Steinstatue: Katzenkult auf moderne Art.

Kapitel 2

Katzen in der Wohnung

Die Katze, die durch das Gras streift und Schmetterlingen nachjagt: Dass so das ideale Katzenleben aussieht, darin sind sich alle Tierfreunde einig. Aber nicht jeder kann solchen Luxus bieten. Oft verhindern Etagenwohnung oder die Schnellstraße vor der Tür solche Abenteuer.
Auf eine Katze verzichten muss man dennoch nicht. Mit ein paar Anstrengungen kann auch eine Wohnungskatze eine glückliche Katze sein.

Abenteuer Wohnungskatze – Eine Katze als Mitbewohner

Katzen schaffen es, uns immer wieder zu überraschen. Selbst wer glaubt, vieles über das Verhalten der Tierart zu wissen, entdeckt immer wieder Neues an den Vierbeinern. Kaum ist man sich sicher, sein eigenes Tier ganz genau zu kennen, stellt es irgendetwas Unerwartetes an, was so gar nicht ins Bild passt. Das macht das Zusammenleben mit Katzen so interessant.

Ein einzigartiger Zeitgenosse

Katzen gelten als unkompliziert und somit sogar für berufstätige Großstadtbewohner als perfekter Hausgenosse. Die reinlichen und pflegeleichten Tiere müssen weder Gassi geführt werden, noch Erziehungstrainings besuchen. Sie können auch mal mehrere Stunden lang alleine bleiben, ohne durch Radau die Nachbarn zu verärgern. Das Sprichwort macht den Hund zum besten Freund des Menschen. Trotzdem können auch Katzen zum treuen Partner werden.

Vor allem Stubentiger haben durch das enge Zusammenleben eine besonders innige Bindung zu ihren Menschen. Viele wollen ständig dabei sein. Sie folgen ihrem Besitzer von Raum zu Raum, rollen sich dort, wo er Platz nimmt, neben ihm zusammen und genießen schlafend dessen Nähe. Egal, ob auf der Computertastatur oder der Tageszeitung auf dem Küchentisch, die man gerade lesen wollte. Selbst wenn sie dabei noch so sehr im Weg liegt, macht eine schlafende Katze ein Heim erst richtig gemütlich. Anschließend bringen ihr Toben und gelegentlicher Schabernack Stimmung in die Bude. Das Leben mit einer Katze ist ein Abenteuer. Eins, das man gemeinsam durchlebt, das vielleicht einige Tiefen wie Krankheiten oder Missverständnisse, bestimmt aber jede Menge Höhen hat.

Bewegte Beziehung

Egal ob Single oder Mitglied einer Großfamilie: Jeder freut sich darüber, wenn jemand einen nach einem anstrengenden Tag schon aufgeregt erwartet und maunzend begrüßt. Jemand, der keine Fragen stellt, einfach nur nett ist und sich freut, dass man da ist. Katzen sind zwar eigensinnig, aber überaus freundlich. Sie muntern ihre menschlichen Freunde auf, wenn die traurig sind, animieren sie zum Fangen spielen oder trösten durch ihr Schnurren, während sie auf dem Schoß sitzen. Auch freudige Momente teilen sie, indem sie sich von ausgelassener Stimmung anstecken lassen.

Solch eine Beziehung erfordert natürlich etwas Einsatz. Dass man sich die Zuwendung seiner Katze stets aufs Neue erarbeiten muss, zeigen Literatur und Publikationen, die Katzenhalter nicht als Herrchen wie Hundebesitzer bezeichnen, sondern augenzwinkernd als Dosenöffner oder gar Bedienstete. Anders als Wachhund oder Reitpferd muss die Katze nichts leisten, um bewundert und geliebt zu werden.

Bei der Beziehung zwischen Katz und Mensch herrscht offensichtlich im Vergleich zu der mit anderen Tieren verkehrte Welt: Hier sind allein wir es, die sich ins Zeug legen müssen, damit die Vierbeiner uns mögen. Warum sich auf eine Partnerschaft mit solch anspruchsvollen Wesen einlassen? Weil es manchmal ebenso spannend ist wie bei einer menschlichen Partnerschaft. Weil jeder im Umgang mit Katzen etwas über sich selbst lernen kann und nicht zuletzt, weil es stolz macht. Stolz darauf, mit viel geduldigem Zureden das Vertrauen der scheuen Katze gewonnen zu haben, sich mit der richtigen Dosis Nähe und Abstand, Spiel und Kuschelstunden bei ihr beliebt zu machen. Mit Feingefühl müssen Menschen stets erahnen, was das vierbeinige Gegenüber möchte, in welcher Stimmung es sich befindet. Für diejenigen, die ihre Katze gut kennen und regelmäßig

Gute Freunde: Mit Feingefühl und täglicher Aufmerksamkeit erobern Tierfreunde das Herz einer Katze.

beobachten, wird die anfängliche Herausforderung bald zum Kinderspiel. So viel Aufmerksamkeit bleibt auf Dauer nicht unerwidert. Wer sich die Zuneigung einer Katze erarbeitet und die Freundschaft regelmäßig pflegt, wird mit einem treuen Partner belohnt und ist nie mehr allein.

Alles für die Katz

Die Katze räkelt sich gemütlich im Samtkorb neben der Heizung, nachdem sie von ihrem Menschen gebürstet wurde. Zeit für eine Portion Lachshäppchen in Soße. Manchmal fällt es schwer, nicht zu vergessen, dass es kleine Raubtiere sind, die sich da in Wohnzimmer und Küche tummeln. Und zwar Exemplare, die ihren wilden Verwandten um einiges ähnlicher sind als etwa Hunde den Wölfen, wie es der Anblick von Dackel und Dogge zeigt. Auch unsere Wohnzimmerlöwen besitzen aufgrund ihrer Abstammung, ihrer körperlichen Merkmale und Fähigkeiten eigene Bedürfnisse. Die müssen Menschen befriedigen, regelmäßig neue Anreize zum Ausgleich für Spaziergänge im Freien schaffen, damit die Tiere nicht verkümmern, sich zurückziehen oder Verhaltensauffälligkeiten zeigen. Schließlich können Stubentiger sich anders als Freigänger kein neues Heim suchen, wenn es ihnen zu Hause nicht mehr passt. Sie müssen zugunsten ihres sicheren Lebens ohne Verkehrsunfälle, Verletzungen durch andere Tiere und Gifte im Nachbargarten auf die freie Ortswahl verzichten. Daher ist es besonders wichtig, ein Gespür für seinen Schützling zu entwickeln und zu erkennen, wenn ihm etwas fehlt, mehr Ruhe oder Action gefragt ist.
Während eine katzengerechte Wohnungseinrichtung (siehe Kapitel »Feliner wohnen«) das Revier im Garten ersetzt, gleicht die tägliche Spielstunde (siehe Kapitel »Spannende Spiele für Stubentiger«) die fehlende Jagd nach Beutetieren und Abenteuer vor der Haustür aus. Wie neugierig und verspielt eine Katze ist, hängt von Alter und Charakter ab. Eine halbe Stunde Action am Tag plus Zeit für Streicheleinheiten ist aber das Minimum für eine Katze, die noch nicht zu den Senioren zählt. Wer seiner Katze täglich Aufmerksamkeit schenkt, macht aus einem vierbeinigen Stubenhocker ein glückliches Tier.

Ach du liebe Zeit

Ein Katzenleben kann 20 Jahre oder sogar länger dauern. Über diese Zeitspanne wünscht sich die Katze neben ihren Grundbedürfnissen nach Futter, Möglichkeiten zum Krallenschärfen und einer sauberen Katzentoilette vor allem drei Dinge von ihrem Menschen: Liebe, Respekt und Zeit. Liebe in Form von Streicheleinheiten und liebevollem Umgang. Respekt vor der Andersartigkeit und für ihre speziellen Bedürfnisse, zum Beispiel nach Ruhe, selbst wenn der Mensch seinen schlafenden Schützling gerne seinen Freunden zeigen würde. Und Zeit zum Kuscheln, zum Spielen und hauptsächlich einfach zum Da sein. Denn auch wenn eine Katze problemlos einige Stunden alleine bleiben kann, ist es auf Dauer problematisch, das Tier täglich zehn Stunden sich selbst zu überlassen. Auf der Suche nach Beschäftigung stellen junge Tiere dann allerhand Unfug an, graben Topfpflanzen aus,

Nicht nur Langhaarkatzen verlieren ständig Haare. Wer seine Wohnung mit ihnen teilt, muss das in Kauf nehmen.

leeren den Mülleimer, zerfetzen die Vorhänge. Ältere Katzen, die sich verlassen fühlen, ziehen sich eher zurück und leiden still vor sich hin. Die Lösung könnte dann, falls vorhanden, ein abgesicherter Balkon (siehe Seite 52) oder eine zweite Katze (siehe Kapitel »Katzen in Gesellschaft«) als Partner sein. Auch ein Katzensitter, der mittags eine Stunde zum Spielen vorbeischaut, ist ideal, um die Langeweile zu unterbrechen. In manchen Lebensphasen lässt es sich einfach nicht vermeiden, dass die Katze zu kurz kommt, öfter allein bleiben muss als gewohnt. Dann hilft eine Extraportion Spielen und das Platzieren von kleinen Arrangements, mit denen Stubentiger Einsamkeit und Langeweile vertreiben können (siehe Kapitel »Alleine beschäftigen«). Ob Umzug, Trauer oder außerplanmäßige Projekte im Beruf: Dauern solche Phasen, in denen die Katze zurückstecken muss, nicht ewig an, wird das Tier das verzeihen, wenn es anschließend wieder die gewohnte Aufmerksamkeit genießt.

Haarige Angelegenheit

Gemeinsam mit Katzen in der Wohnung zu leben, bedeutet neben dem Opfern seiner Zeit, auch teils unschöne Veränderungen an der Einrichtung hinzunehmen. Nicht nur Katzenmöbel zu dulden, sondern auch herumliegende Haare in Kauf zu nehmen. Die Masse an verlorenen Haaren ist zwar je nach Tier individuell verschieden, aber Haare verlieren sie alle. Selbst wenn die Katze niemals die

Pure Entspannung. Ebenso locker sollten Katzenhalter im gemeinsamen Alltag sein. Den meistert am besten, wer geduldig ist.

temperierte Wohnung verlässt, unterliegt sie wie Freigänger dem halbjährlichen Fellwechsel. Auch Stress wie der Gang zum Tierarzt oder eine Geburtstagsparty kann dazu führen, dass überall herumwirbelnde Katzenhaare zu finden sind: An der Kleidung, auf dem Regal, sogar in der frisch gespülten Kaffeetasse, die die Katze noch nicht einmal beschnuppert hat. Stubentiger tragen keinen Matsch von draußen herein, verteilen aber täglich Katzenstreu in der Wohnung, das sich beim Toilettengang zwischen den Pfoten gesammelt hat. Wer eine Katze in der Wohnung hält, sollte sich darüber im Klaren sein, dass sie genauso viel Dreck machen kann wie ein Freigänger; nur in anderer Form. Da immer derselbe Trott selbst das Gewohnheitstier Katze langweilt und in der Wohnung keine Bäume zur Verfügung stehen, wird sie wahrscheinlich eines Tages ausprobieren, ob die Tapete und der Sessel nicht genauso gut zum Krallen schärfen geeignet sind wie der Kratzbaum. Diese Unart können geduldige Katzenhalter zwar oft wieder abtrainieren, aber haben die Krallen einmal Bekanntschaft mit der Brokattapete gemacht, bleiben die Spuren bis zur nächsten Renovierung sichtbar. Wer eine Katze aufnehmen möchte, sollte mit solchen Abstrichen leben können.

Geduld, Geduld, Geduld

Für das Leben mit einer Katze brauchen Tierfreunde vor allem Geduld. Geduld, ihre Eigenarten ebenso zu ertragen wie sie unsere erduldet. Denn auch wir verhalten uns in den Augen der Katze oft eigenartig. Geduld, sie an neue Lebensumstände und Futtersorten zu gewöhnen. Geduld, junge Katzen zu erziehen und alte und träge Tiere zum Spielen zu animieren. Geduld, sie zu verstehen, einige Verhaltensweisen zu akzeptieren, andere zu unterbinden. Geduld ist nicht nur eine Tugend, sondern auch die Grundvoraussetzung für eine unzertrennliche Freundschaft mit seiner Katze.

Der perfekte Partner – Die richtige Katze finden

Eine Katze bereichert das eigene Leben. Wer sich eine Samtpfote als Mitbewohner wünscht, überlegt zunächst, welche Erwartungen er an das Tier stellt und welcher der vielfältigen, felinen Charaktertypen diese erfüllen kann.

Unverwechselbare Charaktertypen

Soll die neue Katze ein ausgeglichener Partner sein, der einfach nur da ist und zuhört? Dann kommt wahrscheinlich eine in sich ruhende, ältere Katze in Frage. Oder doch lieber ein aufgeweckter Spielkamerad, der mit wildem Toben den Alltagstrott durchbricht? In dem Fall könnte eine verspielte Jungkatze der ideale Partner sein. Erfahrene Katzenfans suchen vielleicht die Herausforderung, sich mit einer scheuen Katze anzufreunden, die sonst keine Chance mehr auf ein neues Heim bekommt.

Oder soll es vielleicht eine freundliche, zurückhaltende Katze sein, die sich im Hintergrund hält, aber begeistert auf jegliche Aufmerksamkeit reagiert, die sie von ihrem Menschen bekommt, sobald der Zeit für sie hat? Beim Überlegen, was für ein Tier man sich wünscht, sollten Katzenfans immer die Natur der Katze im Auge behalten. Zwar sind die felinen Charaktereigenschaften vielfältig. Wie beim Menschen gibt es intro- und extrovertierte Typen, redselige und schweigsame, anhängliche, wilde und zurückhaltende Exemplare. Für welchen Charakter auch die Entscheidung ausfällt, ein Komplettpaket, das alle Wünsche auf einmal erfüllt, ist im Katzenreich eher selten. Eine Katze bleibt ein seinen Instinkten und gelernten Verhaltensweisen gehorchendes Tier. Eins, das im Zweifelsfall das macht, wonach ihm gerade ist. Sind die Erwartungen zu hoch, kann sie keine Katze erfüllen.

Wohnungstauglich

Grundsätzlich eignen sich alle Katzen für die Wohnungshaltung. Vorausgesetzt, sie kennen nichts anderes. Hat eine Katze einmal den Duft der Freiheit geschnuppert, wird sie sich an die reine Wohnungshaltung ebenso wenig gewöhnen wie ein antiautoritär erzogenes Kind, das plötzlich Dauerhausarrest bekommt. Eine Umerziehung vom Freigänger zum Stubentiger funktioniert nur selten und endet meist in Dramen, bei denen menschliche und kätzische Nerven blank liegen. Deshalb sollte solch eine drastische Maßnahme nur in absoluten Ausnahmefällen vorgenommen werden, wenn gesundheitliche Gründe wie ansteckende Krankheiten oder Amputationen dies zwingend erfordern. Der neue, vierbeinige Mitbewohner sollte also auch bisher nur drinnen gelebt haben, damit er in seinem neuen Zuhause nichts vermisst. Ob Rassetier oder klassische Hauskatze ohne Stammbaum bleibt den persönlichen Vorlieben überlassen. Der Vorteil einer Rassekatze liegt darin, dass selbst bei einem jungen Tier die Gefahr von Überraschungen minimiert wird. Nicht nur äußerlich können Katzenbesitzer ungefähr erahnen, was sie erwartet, wenn das Tier ausgewachsen ist. Jeder Rasse werden Charaktereigenschaften zugesprochen, die deren Vertreter mal mehr, manchmal auch weniger erfüllen. Typische Wohnungsrassen gibt es nicht. Es gibt allerdings einige, die aktiver und anspruchsvoller und einige, die ruhiger und genügsamer sind. Während etwa die riesigen Maine Coons oder agilen Siamkatzen besonders hohe Ansprüche an die Wohnung und ihre Menschen stellen, damit sie Bewegungsdrang und Neugier befriedigen können, kommen Vertreter anderer Rassen leichter mit den Gegebenheiten eines Wohnungslebens zurecht. Als ruhig und besonders wohnungstauglich gelten Perser, Britisch Kurzhaar, Kartäuser und Heilige Birma. Natürlich benötigen auch sie Anreize, Beschäftigung und Pflege, aber in anderem Maße.

In die Wohnungshaltung gehört nur, wer nichts anderes kennt. Freigänger einsperren ist tabu. Als geeignete Rassen (Fotos von links nach rechts) gelten die stammbaumlose Europäisch Kurzhaar und die Edelkatzen Britisch Kurzhaar, Kartäuser, Heilige Birma und Perser.

Die Britisch Kurzhaar ist durch fast nichts aus der Ruhe zu bringen. Selbst vom regen Treiben in turbulenten Haushalten, in denen oft Besuch ein- und ausgeht, lassen sie sich nicht irritieren. Sie genießen den Ruf perfekter Anfängerkatzen. Ebenso Kartäuser, die ein Schläfchen auf dem Sofa genauso zu schätzen wissen wie ausgelassenes Spielen. Die langhaarigen Perser polarisieren mit ihrem Äußeren. Sie benötigen eine zeitaufwendige Fellpflege und müssen täglich gebürstet werden, weil sie sonst verfilzen. Perser sind nicht so träge, wie ihr Ruf es vermuten lässt und besitzen ein sanftes Wesen. Sie sind verspielt und ausgeglichen. Die Heilige Birma sieht aus wie ein Mix aus Perser und Siam und gilt als ideale Familienkatze. Sie ist freundlich, kommt oft auch mit Hunden aus. Da sie besonders Menschen bezogen ist, mag sie nicht gerne längere Zeit alleine bleiben.Bei der Entscheidung für eine Rasse wählen Katzenfans also nicht nur eine bestimmte Optik, sondern auch spezielle Charaktereigenschaften. Auskunft dazu gibt es bei regionalen Züchtern, Zuchtverbänden und Katzenausstellungen. Für eine Hauskatze ohne Stammbaum hingegen spricht nicht nur ihr geringerer Kaufpreis, sondern auch ihre Einzigartigkeit. Ob gefleckt, getigert oder uni, schüchtern, verspielt oder verschmust: Die Charaktere sind ebenso individuell wie das Äußere. Mit einer solchen Europäisch-Kurzhaar-Katze bekommt man ein echtes Unikat.

Katzenbabys

Katzenbabys sind einfach niedlich. Wenn die Kleinen tollpatschig umhertollen, sich im Schnürsenkel verbeißen und gegenseitig umwerfen, kann kaum jemand diesem Anblick widerstehen. Selbst die reserviertesten Menschen reagieren verzückt auf die kleinen Fellknäuel. Es macht Spaß, zuzusehen, wie sie ihre Welt erkunden, täglich ihre Motorik verbessern und dazulernen. Eine Katze, die als Baby ins Haus kommt, hat ihr Leben lang eine ganz spezielle

Katzenbabys sind in den ersten Wochen auf ihre Mutter angewiesen: Absolutes Mindestalter für den Umzug ist acht Wochen.

Bindung zu ihren Menschen, die sie schon in der prägenden Kindheitsphase kennen gelernt hat.
Doch wer diese kleinen Energiebündel den ganzen Tag um sich hat, braucht starke Nerven. Sie kennen in der Regel keine Angst, sondern nur Neugier und Abenteuerlust. Ständig rennen sie herum, stellen beim Entdecken ihrer Welt und Schulen der körperlichen Fähigkeiten allerhand Unfug an. Jeder Quadratmeter der Wohnung wird genau erforscht und auf seine Spieltauglichkeit getestet. Mal müssen die Kitten aus zwei Meter Höhe von der Raufasertapete gepflückt werden, weil sie von selbst nicht mehr hinunterkommen, mal aus einem Spalt hinter dem Schrank oder der rutschigen Badewanne befreit werden. Zerfetzte Papiere, zerbissene Kleidungsstücke und durchwühlte Schubladen inklusive. In einem Haushalt mit Katzenbabys ist ständig etwas los.
Wen solche Hektik nicht stört, der wird sicher seine Freude daran haben, den kleinen Wesen beim Aufwachsen zuzusehen. Vor allem dann, wenn er gleich zwei Wurfgeschwister aufnimmt, die gemeinsam auf große Entdeckungstour gehen. Das

Augen auf beim Katzenkauf

Mindestalter
Kleine Katzen brauchen ihre Mutter. Ihre Milch, ihre verdauungsfördernden Massagen, ihre Nähe und auch ihre Maßregelungen. Wird eine Katze vor Vollendung der achten Lebenswoche abgegeben und von ihrer Mutter getrennt, ist das absolut gewissenlos. Auch wenn das knopfäugige Fellbüschel noch so niedlich aussieht, sollten Sie dem verlockenden Angebot widerstehen. Verlassen die Babys zu früh ihre Mutter, kann das sogar gesundheitsschädlich sein. Acht Wochen sind das absolute Mindestalter. Besser ist es, wenn die Katze erst mit zehn oder im Idealfall mit zwölf Wochen ins Haus kommt.

Gesundheit
Viele Krankheiten erkennt nur der Tierarzt durch genaue Untersuchungen. Trotzdem können auch Laien den Allgemeinzustand einer Katze grob beurteilen. So sollte ein gesundes Tier beim Kauf aussehen:

- *glänzendes Fell*
- *guter Ernährungszustand, fühl- aber nicht sichtbare Rippen*
- *kein praller, aufgeblähter Bauch bei einer sonst schlanken Katze (Würmer)*
- *saubere, milbenfreie Ohren*
- *Kein Ausfluss aus Nase und Augen*
- *Zurückgezogene, nicht sichtbare Nickhaut im Wachzustand*
- *Sauberer After*
- *Bei Jungkatzen muss auch die Mutter gesund aussehen*

Anfangs haben alle Katzenbabys blaue Augen; die endgültige Farbe zeigt sich erst nach etwa drei Monaten.

erspart nicht nur Arbeit beim täglichen Beschäftigungsprogramm, sondern ist auch artgerecht. Bei Jungkatzen bereiten mehr Tiere nicht mehr, sondern weniger Mühe. Ein Mensch allein schafft es kaum, diese kleinen Energiebündel auszulasten. Außerdem braucht eine junge Katze unbedingt kätzische Gesellschaft. Nur mit einem Katzenkumpel kann sie alle natürlichen Verhaltensweisen spielerisch trainieren und die Regeln des arttypischen Sozialverhaltens lernen.

Fertige Persönlichkeiten

Je älter die Katze, desto stärker hat sich ihre Persönlichkeit bereits entwickelt. Wer sich für eine ausgewachsene Samtpfote entscheidet, holt sich einen echten Charakterkopf ins Haus. Man weiß in der Regel durch den Vorbesitzer, was einen erwartet, auf welche Eigenschaften man sich freuen darf, welche man in Kauf nehmen muss. Eine Katze, die schon ein paar Jahre auf dem Buckel hat, hat die wilden Draufgängerzeiten voller Streiche und Übermut bereits hinter sich und besitzt ein höheres Ruhebedürfnis. Sie ist aber bis zum Alter von etwa zehn bis fünfzehn Jahren noch verspielt und durchaus aktiv. Je älter eine Katze ist, desto schwerer hat sie es, ein neues Heim zu finden. Manchmal ist es eine Scheidung, manchmal ein Todesfall oder ein anderer Schicksalsschlag, der Tiere dazu zwingt, sich von ihrem Zuhause zu trennen. Diese Katzen warten entweder im Tierheim auf neue Menschen oder werden per Inserat angeboten. Vor allem vierbeinige Senioren ab zehn Jahren finden nur mit ganz viel Glück eine zweite Chance. Dabei kann sich bei einer Alterserwartung von 20 Jahren auch mit ihnen noch eine langjährige Freundschaft entwickeln. Katzensenioren sind nicht mehr so verspielt, dafür aber meist ausgeglichene und daher sehr pflegeleichte Zeitgenossen. Ideal für gestresste Berufstätige, die einen Ruhepol suchen.

Gesucht und gefunden

Wer eine Katze sucht, wird schnell fündig. Im Supermarkt, im Futtergeschäft, am schwarzen Brett der Uni: Nahezu überall hängen die Zettel, mit denen Menschen ein neues Zuhause für ihre Vierbeiner suchen. Auch Lokalzeitungen und Fachzeitschriften sind voll von solchen Inseraten. Die Halter kennen ihr Tier in der Regel sehr gut und können detaillierte Auskunft über Futtervorlieben, Krankheitsgeschichten und Persönlichkeit geben. Also am besten vorher nachfragen, ob es sich eher um einen Wildfang oder einen Angsthasen handelt. Damit das Wesen des Tieres zu den eigenen Vorstellungen passt. Wer ein Tier auf diesem Weg von privat aufnimmt, sollte außerdem nach einem Impfpass und eventuellen Krankheiten fragen, die eine besondere Pflege erfordern.

Sicher ist sicher: Züchter und Tierheime

Eine Katze über ein Inserat zu kaufen, birgt Risiken. In den meisten Fällen suchen gewissenhafte Inserenten einen schönen Platz für ihre Schützlinge und trennen sich nur ungern von ihnen. Doch wer kann schon sicher sagen, ob das Tier nicht nur schnell abgeschoben werden soll? Ob es sich bei dem kerngesunden Kuschelkater nicht in Wirklichkeit um einen Wildfang mit chronischer Blasenentzündung handelt, mit dem der Besitzer überfordert ist? Wer das Risiko minimieren will, wendet sich an einen Züchter oder das örtliche Tierheim. Züchter sind in der Regel Katzenfans, die aus Liebe zum Tier handeln. Seriöse Vertreter geben nicht nur Auskünfte über die Eigenheiten der Rasse, sondern beantworten auch Fragen zu Haltung und Pflege. Sie erlauben einen Blick auf das Umfeld, Wurfgeschwister und die Mutterkatze. Soll die Übergabe schnell an der Haustür stattfinden, ist etwas faul. Wahrscheinlich handelt es sich um eins der leider in allen Branchen vertretenen schwarzen Schafe, die allein die Profitgier treibt. In dem Fall lieber einen zweiten Züchter von einem Zuchtverband empfehlen lassen. Stellt der Züchter Fragen zu dem Lebensumfeld des Interessenten, ist das nicht unverschämt, sondern ein Zeichen dafür, dass ihm seine Schützlinge am Herzen liegen und er ein perfektes Zuhause für sie sucht. Ein Zuchttier sollte bereits vor der Abgabe tierärztlich untersucht, geimpft und entwurmt worden sein, was entsprechende Papiere belegen.

Neben all den Hauskatzen-Unikaten gibt es mittlerweile sogar viele Rassekatzen im Tierheim. Die Heime sind längst keine tristen Verwahranstalten mehr, so wie es noch in vielen Köpfen herumspukt. Die Mitarbeiter verbringen viel Zeit mit ihren Schützlingen und kennen vor allem von ihren Langzeitgästen die Vorlieben und Charakterzüge. Auch hier ist es ein Zeichen von Seriosität, wenn die Mitarbeiter Fragen zu Haushaltsgröße, Tiererfahrung und Zeitaufkommen stellen. Schließlich wollen sie wie die Züchter kein Tier einfach nur loswerden, sondern bestmöglich unterbringen. Eine Katze aus dem Heim ist tierärztlich untersucht, geimpft und in der Regel kastriert.

Vorsicht Schnäppchen

Ein Schnäppchen vom Flohmarkt oder aus dem Internet? Möglich beim Kauf von Markenmode und Elektronik. Aber nicht bei Tieren. Eine Edelkatze kostet je nach Rasse beim seriösen Züchter zwischen 150 und 1000 Euro. Muss jemand erheblich weniger für ein exotisches Zuchttier bezahlen, hat er in den wenigsten Fällen ein Schnäppchen gemacht. Das gute Geschäft entpuppt sich im Nachhinein meist als teures Trauerspiel. Nicht nur im Internet, auch in Hinterhöfen und auf Parkplätzen werden Jungkatzen oft aus dem Kofferraum heraus für vermeintlich wenig Geld verscherbelt. Wirken die Tiere noch sehr jung und wird kein Blick auf das Muttertier gestattet, ist absolute Vorsicht geboten. Es gibt viele skrupellose Geschäftemacher, die ihr Geld damit verdienen, dass sie ihre Tiere als reine Gebärmaschinen halten, die völlig ausgemergelt unentwegt Junge und Profit produzieren. Katzen aus solchen Fabrikzuchten sind meist extrem jung und kränklich. Manche sterben schon auf dem Weg zum Verkaufsort, andere müssen aufwendige tierärztliche Behandlungen über sich ergehen lassen, um im neuen Heim zu überleben. Wer solch eine Katze kauft, befreit sie zwar aus den Fängen der Händler, unterstützt diese aber auch. Dem kann man nur entgehen, indem man die Katze in ihrem alten Zuhause abholt, einen Blick auf Muttertier und Umgebung werfen kann. Also am besten dem verlockenden Schnäppchen auf dem Parkplatz widerstehen und im Zweifelsfall die Polizei rufen.

Alltag auf vier Pfoten – Was Katzen brauchen

Katzen sind enorm selbstständig. Praktisch für Katzenfans, denen diese Fähigkeit viel Arbeit abnimmt. Die eleganten Vierbeiner betreiben täglich Fellpflege, gehen alleine auf die Katzentoilette und beschäftigen sich teilweise stundenlang mit dem Beobachten des Treibens vor dem Fenster. Trotz aller Autonomie benötigen sie aber noch etwas Hilfe im Alltag, um fit und gesund zu bleiben.

Zum Wohlsein

Viel Trinken heißt nicht nur bei Menschen die Devise. Deshalb muss der Katze stets eine Schale mit Wasser zur Verfügung stehen, das täglich ausgewechselt wird. Stellt die Katze plötzlich das Trinken ein oder zeigt mehr Durst als gewohnt, kann das ein Anzeichen für eine Krankheit sein und der Tierarzt sollte informiert werden.

Ein Großteil der Katzenbesitzer klagt darüber, dass ihr Tier noch nie gerne getrunken hat. Normal, wenn das Tier über das Feuchtfutter viel Flüssigkeit zu sich nimmt. Hält es sich eher an Trockenfutter oder trinkt gar nicht, kann das zum gesundheitlichen Problem werden. Stellen Sie in dem Fall einen weiteren Wassernapf auf oder platzieren den vorhandenen ein paar Meter entfernt von der Futterstelle. Auch in freier Wildbahn fressen Katzen nicht direkt an ihrer Wasserstelle.

Tipps für Trinkfaule

Manche Katzen lieben es, aus dem Wasserhahn zu trinken. Wer nicht immer anwesend ist, um die Katze mit fließendem Wasser zu bedienen oder das Tier nicht ständig im Spülbecken sitzen haben möchte, kann einen speziellen Trinkbrunnen kaufen, in dem das Wasser laufend fließt. Die Brunnen kommen aber nicht bei jedem Tier gut an, da einige Modelle laute Motoren besitzen. Trinkt die Katze aus der Blumenvase oder Gießkanne, mag sie vielleicht den Geruch des frischen, chlorhaltigen Wassers nicht. Hier kann eine Schale mit stillem Mineralwasser oder mit Trinkwasserfiltern aufbereitetes Wasser Abhilfe schaffen. Verweigert die Katze trotz aller Maßnahmen das Trinken, hilft ein zusätzlicher Schuss Wasser im Feuchtfutter. Ein wenig geschwenkt wird das Ganze zu einer Art Soße, die selbst wasserscheue Katzen oft gerne schlecken. Milch ist trotz aller Vorurteile nur etwas für Katzenbabys, die von ihrer Mutter gesäugt werden. Zwar mögen Katzen den Geschmack von Milch, vertragen sie aber nicht und bekommen davon Durchfall. Wer dennoch diesen Leckerbissen anbieten möchte, nimmt Laktose reduzierte Katzenmilch.

Guten Appetit

Wilde Katzen versorgen sich selbst mit kleinen Beutetieren. Sogar Freigänger in menschlicher Obhut erlegen ab und zu eine Maus. Stubentiger

Mausersatz: Die natürliche Katzennahrung besteht aus Mäusen. Fertigfutter sollte dieselben Nährstoffe enthalten.

Prosit! Katzen benötigen viel Flüssigkeit. Das fließende Nass aus dem Wasserhahn animiert trinkfaule Zeitgenossen.

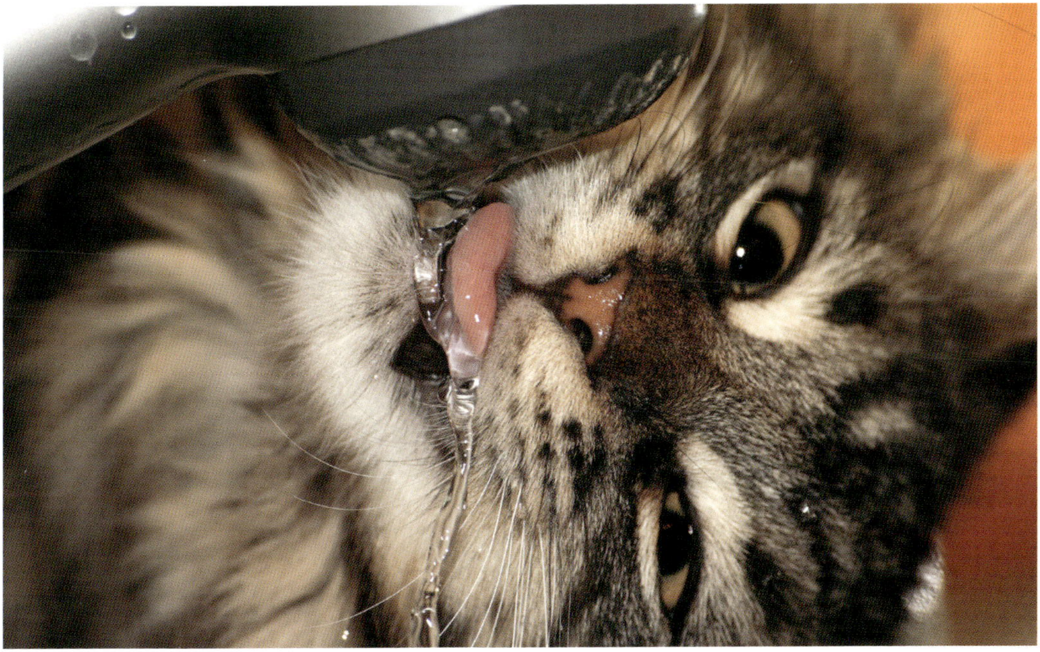

Ob gekocht oder roh: Pures Fleisch ist lecker und bereitet Katzen jede Menge Spaß. Aber Vorsicht: Rohes Schweinefleisch kann tödlich sein. Unbedenklich sind Geflügel, grätenfreier Fisch und Rindfleisch.

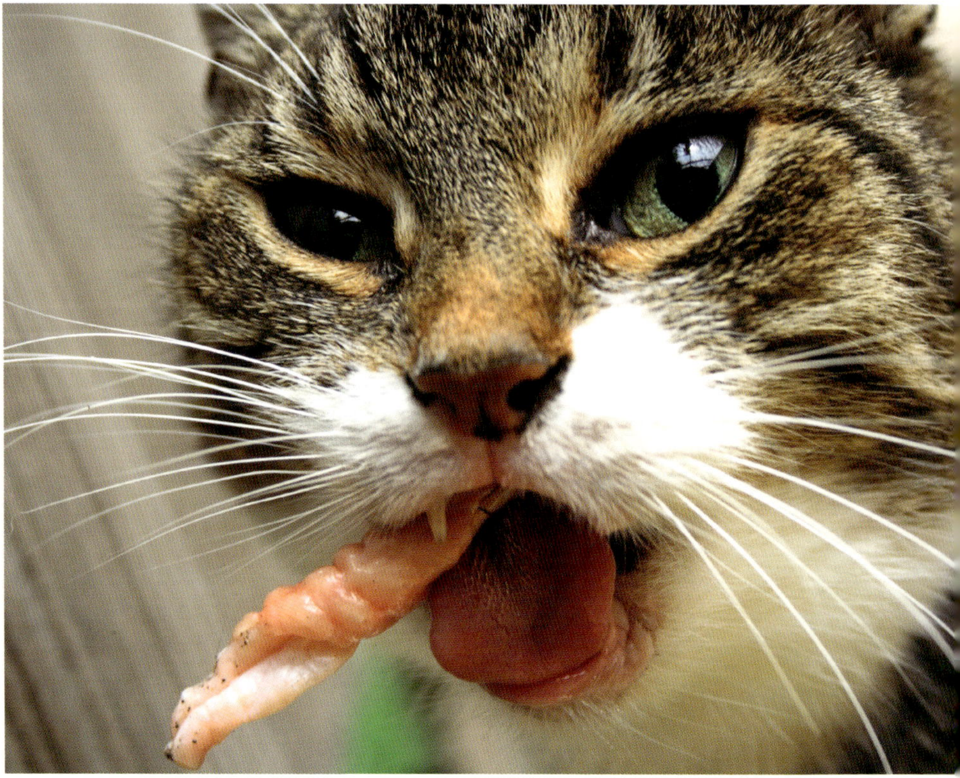

sind in Sachen Nahrungsaufnahme zu hundert Prozent abhängig davon, was ihnen vorgesetzt wird. Ihr Verdauungssystem ist ebenso anspruchsvoll wie ihr Gaumen wählerisch. Dass Katzenfans mit stets neuen Leckereien ihren Schützlingen eine Freude machen wollen, eine artgerechte, selbst gekochte Katzenernährung aber zeitaufwendig ist und genaue Kenntnisse erfordert, davon profitiert die Futtermittelindustrie.

Eine vegetarische Ernährung ist für den Mäusejäger ebenso ungesund wie die teils stark gewürzten Essensreste der Menschen oder Hundefutter. Katzen benötigen eine Vielzahl an Nahrungsbausteinen in einer speziellen Zusammensetzung. So brauchen sie viel mehr Proteine als andere Haustiere. Die nehmen sie fast ausschließlich durch Fleisch und Fisch auf. Samtpfoten benötigen außerdem Fette, um bestimmte Vitamine aufzunehmen können. Anders als Menschen können sie fast ohne Kohlenhydrate auskommen. Beim Verspeisen einer Maus nimmt die Katze außerdem eine geringe Menge schwer- und nicht verdauliche Bestandteile auf. Diese Ballaststoffe liefern zwar keine Energie, regen aber die Verdauung an. Die Hersteller gehen bei dem Erzeugen des Fertigfutters von einer Maus als Ernährungsgrundlage aus und versuchen, deren Zusammensetzung zu imitieren. Deshalb enthält das Futter außerdem Vitamine, Mineralstoffe und Spurenelemente, die die Katze auch in freier Wildbahn zu sich nimmt.

Ein Blick auf die Zutatenliste offenbart, was sich hinter den wohlklingenden Namen und hübschen Abbildungen auf Dose und Futtersack verbirgt. Auch wenn die geschmorten Entenhäppchen in Soße verführerisch nach Sternerestaurant klingen, kann der Prozentsatz von Entenfleisch möglicherweise nur zehn Prozent betragen. Die aufgeführten tierischen Nebenerzeugnisse bestehen meist aus minderwertigen Schlachtabfällen, die in der Verarbeitung für menschliche Speisen keine Verwendung finden. Manchmal enthält Dosenfutter sogar Bestandteile, die überhaupt nicht im natürlichen Speiseplan der Katzen vorkommen. Zum Beispiel Zucker, der einigen Sorten eine appetitliche Karamellfarbe verleiht. Wer die Inhaltsstoffe diverser Produkte studiert und vergleicht, hat mehr Kontrolle darüber, was er seinem Tier auftischt.

Auch hier gilt: Qualität hat in der Regel ihren Preis. Premiumfutter aus dem Fachhandel ist zwar teurer als das Billigfutter aus dem Supermarkt, enthält aber meist hochwertigere Rohstoffe oder sogar einen höheren Fleischanteil. Trotzdem bietet sich auch bei Premiumware eine abwechslungsreiche Fütterung verschiedener Marken und Geschmacksrichtungen an. Das ist gesünder und verhindert, dass ein Tier nur noch eine spezielle Sorte annimmt, die vielleicht irgendwann nicht mehr hergestellt wird.

Füttern verboten

Folgende Lebensmittel sind ungesund, einige sogar schon in kleinen Mengen giftig. Das gehört nicht auf den Speiseplan der Katzen:

- *Rohes Schweinefleisch*
- *Wurst*
- *Salzige Speisen wie Schinken*
- *Milch*
- *Zucker, z.B. in Form von Süßigkeiten*
- *Macadamianüsse*
- *Muskatnuss*
- *Zwiebeln und Knoblauch*
- *Kakaohaltige Lebensmittel wie Schokolade*
- *Hundefutter*
- *Alkoholhaltige Speisen*
- *Koffein*
- *Essensreste*
- *Rohes Eiklar*

Alles zu seiner Zeit

Doch wie viel und wie oft soll eine Katze nun fressen? Ihr Trocken- und Nassfutter zur freien Verfügung anzubieten und den leeren Napf ständig nachzufüllen, ist bei säugenden Muttertieren und Jungkatzen im Wachstum notwendig. Ansonsten führt diese Praktik schnell zu Übergewicht. Stubentiger neigen dazu eher als Freigänger, weil sie sich trotz aller Spiele und Beschäftigungsmaßnahmen weniger bewegen. Außerdem schauen sie gerne mal am Fressnapf vorbei, wenn ihnen langweilig ist. Die Angaben der Fütterungsmengen auf den Dosen sind ebenfalls mit Vorsicht zu genießen, da große Mengen dem Hersteller mehr Verkäufe und höhere Einnahmen garantieren und somit gerne etwas großzügig ausfallen.

Die Tagesration von je nach Tier 100 bis 150 Gramm Nassfutter sollte in kleine Portionen aufgeteilt werden. Die werden dann je nach zeitlichen Möglichkeiten zwei bis viermal täglich zu bestimmten Zeiten verfüttert. Bleibt etwas im Napf liegen, kann es mit dem Hunger nicht so schlimm gewesen sein und die Reste werden abgeräumt. Frisst die Katze viel mehr oder weniger als sonst, könnte sie krank sein und sollte vorsichtshalber zum Tierarzt. Der kann auch Auskunft zum individuellen Nährstoffbedarf des Tieres geben.

Kleine Schwergewichte

Die körperliche Erscheinung ist rasseabhängig und von Tier zu Tier verschieden. Grundsätzlich gilt: Sind bei einer Katze die Rippen sichtbar, ist sie zu dünn. Fühlen können sollte man die aber unter dem Fell trotzdem, da sonst Übergewicht droht. Ein kleiner Bauch ist bei kastrierten Katzen normal. Wer nicht sicher ist, ob seine Katze Idealmaße besitzt, fragt am besten den Tierarzt.

Übergewicht macht Katzen ungelenkig, träge und erhöht so die Verletzungsgefahr. Das Herzkreislaufsystem leidet ebenso unter zusätzlichen Pfunden wie die Gelenke. Dagegen hilft eine Kombination aus Sport und Diät. Was Frauenzeitschriften propagieren, gilt auch für Katzen. Spannende Veränderungen in der Umgebung machen wieder Lust auf Bewegung und eine zusätzliche Spielstunde lässt die Pfunde purzeln (siehe Kapitel »Action macht glücklich«). Außerdem wird die Futterration bei gleich bleibender Anzahl der Mahlzeiten leicht reduziert. Soll die Katze abspecken, müssen alle Personen im Haushalt sich daran halten. Was nutzt schließlich eine kleinere Portion im Napf, wenn jemand anders dem Tier regelmäßig heimlich Häppchen zusteckt. Sie können das Trockenfutter durch energieärmeres Light-Futter ersetzen. Das bekommt die übergewichtige Katze nicht mehr ständig, sondern nur noch als Belohnung zwischendurch. Denn die kleinen Bröckchen sind wegen der komprimierten Form durch Wasserentzug kalorienhaltig, auch wenn es sich um die »leichte Variante« handelt. Das Trockenfutter kann zusätzlich in das Spiel- und Bewegungsprogramm integriert werden, so dass die Katze den Stückchen hinterher rennen oder sie suchen muss (siehe Seite 72). Wilde Katzen fressen erst dann, wenn sie ihre Beute gejagt und erlegt haben. Wie wäre es auch zu Hause mit ein bisschen Katzensport vor dem Füttern? Auf diese Art selbst gejagtes Futter schmeckt gleich doppelt so gut. Vor allem fertig gekaufte Leckereien und Snacks haben es ähnlich wie Süßigkeiten in sich und sollten minimiert oder komplett vom Speiseplan gestrichen werden. Ein guter und ebenso beliebter Ersatz ist frisches Rinderhack (Achtung: Schweinefleisch kann tödlich sein) oder Geflügelfleisch, entweder abgekocht oder roh. Der Diätleckerbissen eignet sich auch als ganze Mahlzeit, der ein- bis zweimal die Woche das Fertigfutter ersetzt.

Gras knabbern

Katzen kauen regelmäßig an Grasbüscheln herum. Das hilft der Verdauung und sollte auch Stubentigern zur Verfügung stehen. Katzengras

Gras fördert die Verdauung.

Ein Klecks Naturjoghurt ist ein willkommener Leckerbissen.

Leichte Leckereien für zwischendurch

- *Reines Rinderhack*
- *Gekochtes/rohes Geflügel*
- *Ungewürzter Fisch ohne Gräten*
- *Ein Löffel Naturjoghurt*
- *Ein Klecks Hüttenkäse*
- *Einige Brocken Trockenfutter*

gibt es entweder fix und fertig im Blumenladen zu kaufen oder zum Selberziehen in kleinen Schalen im Tierfachgeschäft. Das Gras hilft Katzen, die bei der Fellpflege verschluckten, unverdaulichen Haare hervorzuwürgen. Steht kein Gras zur Verfügung, vergreifen sich die Vierbeiner oft an Zimmerpflanzen, die Verletzungsgefahr bergen oder sogar giftig sein können (siehe Seite 55).

Gut gepflegt

Ob Katzen eitel, sich ihrer Schönheit bewusst sind? Da gehen die Meinungen von Wissenschaftlern und so manchem Katzenfan auseinander. Aber auch wenn es rein praktische Gründe hat, sind Katzen äußerst pingelig, was die Sauberkeit ihres Körpers und ihrer Umgebung betrifft.

Die Katzenwäsche ist viel besser als ihr Ruf. Mehrmals täglich waschen und bürsten die Samtpfoten ihr Fell mit Pfoten und Zunge in einer festgelegten Reihenfolge. So bekämpfen sie Parasiten, verhindern Juckreiz durch verfilztes Fell und entfernen störende Gerüche, die sie bei der Jagd verraten würden. Schließlich besitzen auch Mäuse eine gute Nase. Bei Katzenbabys übernimmt die Mutter diesen Job und fördert beim Putzen nebenbei die Verdauung. Normalerweise schaffen die Tiere es allein, sich sauber und gepflegt zu halten. Sind sie durch Krankheit oder extremes Übergewicht nicht gelenkig genug, um alle Körperstellen zu erreichen, muss der Mensch mit einer Bürste nachhelfen. Langhaarkatzen, deren Fell durch Züchtung übermäßig lang und dicht ist, sind mit der Körperpflege überfordert. Hier gehört das Kämmen mindestens alle zwei Tage zum Pflichtprogramm. Denn Filz sieht nicht nur unschön aus, sondern kann ebenso zu Juckreiz und Hauterkrankungen führen. Auch viele Kurzhaarkatzen genießen eine wöchentliche Bürstmassage, die die Bindung zwischen Mensch und Tier stärkt. Außerdem landen die Haare, die in der Bürste hängen bleiben, nicht auf dem Sofabezug oder nach der Katzenwäsche im Magen des Tieres.

Schneller Check

Das regelmäßige Bürsten ist die ideale Gelegenheit für einen kleinen Gesundheitscheck: Befinden sich Knötchen unter dem Fell, die auf Verletzungen hinweisen? Sind die Ohren sauber und geruchsneutral? Wenn nicht, könnten Milben am Werk sein. Bei oberflächlichem Schmutz hilft ein feuchter Wattebausch, der aber nicht tief ins Ohr gesteckt werden darf. Sonst droht Verletzungsgefahr. Gegen Milben gibt es ein Mittel beim Tierarzt. Mit Flöhen und Zecken haben Wohnungskatzen normalerweise nicht zu kämpfen. Bei einigen Rassen sind tränende Augen ein alltägliches Problem. Das Sekret kann mit einem fusselfreien Tuch abgewischt werden. Wenn die Tränenflüssigkeit eingetrocknet ist, das Tuch mit lauwarmem Wasser kurz anfeuchten. Hat eine Katze, die nicht zu solch anfälligen Rassen wie Perser und Co. gehört, über längere Zeit tränende Augen oder gar dickflüssigen Ausfluss, ist sie wahrscheinlich krank und muss zum Arzt.

Kurz gekrallt

Krallen sind als Kletterhilfe, Waffe zur Jagd und Verteidigung wichtige Werkzeuge, die die Katze täglich schärft. Im Idealfall am Kratzbaum, alternativ an Ledercouch und Wollteppich. Trotzdem können die Krallen manchmal so lang werden, dass Miez damit in der Gardine oder am Körbchen hängen bleibt. Abhilfe schafft eine spezielle Krallenschere mit runden Schneideblättern, die die Kralle umschließen und so sauber kappen. Bei sanftem Druck mit dem Daumen auf die Pfotenballen kommen die spitzen Jagdwerkzeuge zum Vorschein. Helle Beleuchtung macht nun die Blutgefäße im Innern sichtbar. Die dürfen beim Schneiden auf keinen Fall durchtrennt werden, weil sonst Schmerzen und Infektionen drohen. Also die Krallenschere vorsichtshalber ein bis zwei Millimeter darunter ansetzen und nur die Spitze kappen. Ist das Kralleninnere nicht zu erkennen oder zappelt das Tier bei der Prozedur herum, besser vom Tierarzt schneiden und die richtige Technik zeigen lassen.

Hygiene

Katzen legen nicht nur Wert auf ein gepflegtes Äußeres, sondern auch auf eine reinliche Umgebung. Der Schlafplatz sollte regelmäßig kontrolliert und von Dreck und Haarbüscheln befreit werden. Vor allem am Futterplatz mögen Katzen es sauber. Hier erweist sich eine abwaschbare Napfunterlage als praktisch. Wer jede Malzeit in einer frischen Futterschüssel serviert, vermeidet Ekzeme, die entstehen können, wenn das Tier mit dem Kinn über alte, eingetrocknete Essensreste reibt.

Das Katzenklo: eine sensible Angelegenheit

Besonders kompromisslos zeigen sich viele Katzen, wenn es um ihr Katzenklo geht. Manche bevorzugen eine spezielle Streusorte, einige weigern sich, eine beengte Toilette mit Deckel zu benutzen, während andere offene Katzentoiletten meiden, weil sie sich dort beobachtet fühlen. In einem sind sich jedoch alle einig: Sauber soll es sein. Daher die Hinterlassenschaften täglich mit einer Schaufel herausnehmen. Findet die Katze, dass es unangenehm riecht, sucht sie sich womöglich einen anderen Platz

Putzmunter: Eine gesunde Katze hat eine trockene Nase, keinen Augenausfluss, saubere Ohren und weiße Zähne.

für ihr Geschäft. Das gilt auch für das Reinigen mit scharfen Putzmitteln wie WC- oder Essigreiniger, die für Katzennasen erbärmlich stinken. Besser für die wöchentliche Grundreinigung des Katzenklos eignen sich milde Haushaltsreiniger und Schmierseife. Desinfektionsmittel ist hier bei gesunden Stubentigern normalerweise nicht nötig. Wer dennoch desinfizieren möchte, sollte das Desinfektionsmittel anschließend abwaschen. Besonders pflegeleicht wird das Katzenklo durch das Befüllen mit Klumpstreu, das in Verbindung mit Flüssigkeit klumpt. Die verschmutzten Brocken werden täglich zusammen mit dem Kot einfach herausgeschippt. Ideal sind Toiletten mit einer tiefen Schale, in die viel Streu hineinpasst. Darin können die Katzen nach Herzenslust scharren und die Grundreinigung wird nicht so häufig fällig, weil der Boden durch die dicke Streuschicht weniger verschmutzt.

Gesundheitsvorsorge: Pflichtprogramm auch für Stubentiger

Der Tierarztbesuch bedeutet Stress, den viele Halter ihrem Schützling verständlicherweise gerne ersparen würden. Aber auch eine Katze, die ihr gesamtes Leben in der Wohnung verbringt, muss regelmäßig zum Tierarzt. Ist das Tier krank, zeigen das nicht nur äußerliche Symptome wie eine laufende Nase oder Durchfall. Auch ein verändertes Verhalten wie erhöhtes Schlafbedürfnis, Appetitmangel, vermehrter Durst und Aggressionen sind oft ein Anzeichen für Krankheiten. Kranke Katzen verhalten sich meist unauffällig, maunzen nicht und leiden still vor sich hin. Daher ist es wichtig, schon auf kleine Anzeichen zu reagieren. Häufig entpuppen sich vermeintliche Verhaltensstörungen wie Unsauberkeit erst nach langer Leidenszeit als Symptome ernst zu nehmender Erkrankungen. Deshalb im Zweifelsfall besser einmal zu oft zum Tierarzt fahren, wenn einem etwas komisch vorkommt, als einmal zu wenig. Idealerweise kommt die Katze direkt nach der Anschaffung zum Tierarzt, um eventuelle Krankheiten auszuschließen. Danach wird jährlich eine Routineuntersuchung fällig, bei der das Tier auch direkt entwurmt und geimpft wird. Obwohl einige Krankheiten nur von Tier zu Tier, etwa durch Bisse, übertragen werden, können auch Stubentiger sich mit einer Infektionskrankheit anstecken. Dazu müssen Tierhalter und Besucher noch nicht einmal direkten Kontakt mit kranken Tieren gehabt haben. Die enorm widerstandsfähigen Erreger der Katzenseuche beispielsweise können sogar über Gegenstände wie Schuhe übertragen werden. Fragen Sie am besten Ihren Tierarzt, welche Impfungen er für die Lebenssituation Ihrer Katze empfiehlt.

Kastration

Geht die Katze nicht aus dem Haus, ist die Gefahr von unerwünschtem Nachwuchs gebannt. Trotzdem empfiehlt sich auch hier die Kastration. Nicht nur, weil niemand ausschließen kann, dass die Katze nicht doch einmal ausbüxt. Kastration ist Tierschutz und schont die Nerven von Mensch und Tier. Wer einmal das Haus mit einer liebeskranken Katze geteilt hat, weiß ein Lied davon zu singen. Sie treibt ihr gesamtes Umfeld mit dem unentwegten Geschrei in den Wahnsinn.Die Kastration bietet so viele Vorteile, dass es überrascht, wie viele Hauskatzen unkastriert sind. Der Eingriff ist längst reine Routine und die Katze darf direkt anschließend wieder nach Hause. Unkastrierte Kater können mit ihrem Dominanzgehabe ebenso anstrengend sein wie eine rollige Kätzin. Sie verteilen meist in der gesamten Wohnung stark riechende Botschaften mit ihrem Harn. Obwohl es seltener vorkommt, zeigen auch weibliche Katzen manchmal dieses Verhalten. Ein kastriertes Tier stellt das Harnmarkieren in der Regel sofort ein und wird insgesamt anhänglicher und friedlicher. Die Sorge, eine Katze könnte nach der Kastration ihr Sexualleben vermissen, ist unbegründet. Sie verspürt keinen Trieb mehr und vermisst somit auch nichts.

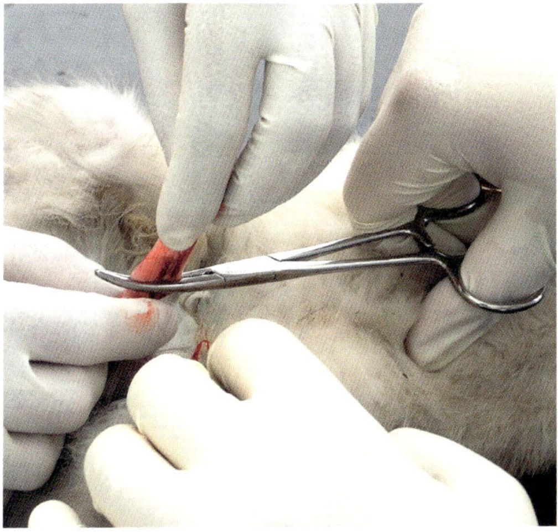

Kleiner Schnitt, große Wirkung: Eine Kastration ist harmlos und auch für Stubentiger empfehlenswert.

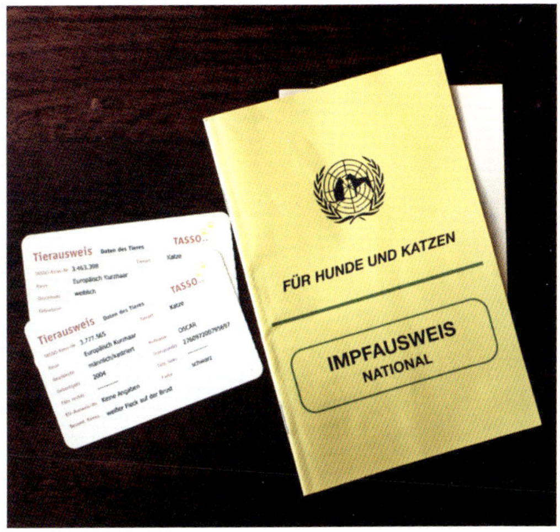

Der Tierausweis enthält die Chipnummer der Katze, der Impfausweis belegt vorgenommene Behandlungen.

Unverwechselbar – Der Mikrochip

Manchmal verschwinden Katzen plötzlich. Zum Beispiel, wenn sie beim Anblick des geöffneten Fensters die Neugier packt. Selbst wer gut aufpasst, ist vor diesem Ernstfall nicht gefeit. Vielleicht schließen die Gäste beim Eintreten die Tür einen Moment zu spät, die Handwerker gehen noch mal schnell raus, um bei offen stehender Tür etwas zu holen oder der Katzensitter gibt beim Lüften nicht richtig Acht. Ein Stubentiger kennt sich in der Umgebung des Hauses nicht aus und findet selten von alleine zurück. Aber seine Menschen können ihm dabei helfen. Mit dem Mikrochip, der das Tier unverwechselbar macht und die früher gängige Tätowierung ersetzt. Dieser Reiskorn große Chip besitzt eine individuelle Nummer und wird vom Tierarzt unter die Haut gespritzt. Das dauert nur Bruchteile einer Sekunde und beeinträchtigt die Katze nicht in ihren Bewegungen. Die Kosten liegen bei rund 30 Euro. Danach lässt der Katzenhalter die Chipnummer zusammen mit Namen und Adresse registrieren, damit die Katze im Ernstfall eindeutig ihrem Besitzer zugeordnet werden kann. Läuft die Katze weg, wird ein gewissenhafter Finder sie ins Tierheim oder zum Tierarzt bringen, wo die Chipnummer mit einem Lesegerät festgestellt werden und so der Besitzer ermittelt werden kann. Zwar ist diese Methode kein Garant für ein sofortiges Wiedersehen zwischen Mensch und Katze, erhöht die Chancen aber ungemein. Deshalb sollte jeder Stubentiger einen Mikrochip tragen. Informationen zur Registrierung finden Sie beispielsweise im Internet unter: www.tasso.net

Kapitel 3

Katzen in Gesellschaft

Katzen sind geselliger als ihr Ruf es vermuten lässt. Ein Artgenosse im Haus bereichert ihr Leben und ist das beste Mittel gegen Langeweile.

Soziale Samtpfoten
Ein Zweitfell aussuchen
Katzen miteinander bekannt machen

Katzen unter sich – Soziale Samtpfoten

Da die Beutetiere der Katze sehr klein sind, benötigt sie keine Unterstützung, um sie zu erlegen. Somit jagen Samtpfoten alleine. Oftmals Grund genug, ihnen ein ungeselliges Wesen zu unterstellen. Dabei haben sie nicht unbedingt etwas gegen Gesellschaft einzuwenden, solange die ihnen ihre Nahrung nicht streitig macht. Je mehr es zu futtern gibt, desto toleranter zeigen sich wildlebende Katzen, was die Reviergröße und Nähe zu ihren Nachbarn angeht.

Leben in der Gruppe

Manchmal kann man beobachten, wie Bauernhofskatzen, die frei umherstreifen, sich zum geselligen Beisammensein treffen. Ganz ohne ersichtlichen Grund. Verwilderte Hauskatzen, also ausgesetzte Exemplare, Streuner und deren Nachkommen, rotten sich in unseren Großstädten sogar zu ganzen Kolonien zusammen. Die können aufmerksame Beobachter nachts in Parks, in der Nähe von Flughäfen, Kasernen und Friedhöfen entdecken. Diese Katzen leben von tierfreundlichen Menschen, die Futter verteilen, vom Inhalt der Mülltonnen und den dadurch angelockten Beutetieren. Besonders eindrucksvoll wirken die herrenlosen Katzen von Rom. Dort leben laut Schätzungen insgesamt über 100.000 Tiere in Kolonien zusammen und beweisen, dass Katzen durchaus Gesellschaft von Artgenossen tolerieren. Die Strukturen innerhalb von Katzengruppen sind komplex und unterscheiden sich je nach Gruppengröße und Umweltbedingungen.

Auch gut behütete Hauskatzen mit Freigang treffen sich auf ihren nächtlichen Streifzügen bei kleinen Versammlungen. Wen einmal ein Katerchor in seiner Nachbarschaft um den Schlaf gebracht hat, der weiß ein Lied davon zu singen. Sogar wilde Katzen, die ein eigenes Revier besitzen, treffen regelmäßig Artgenossen zur Brautschau und Paarung. Katzen in der Wohnung haben keine Möglichkeit, Kontakt mit anderen Samtpfoten aufzunehmen und so ihrem natürlichen Sozialverhalten nachzugehen, wenn ihnen danach ist. Umso mehr profitieren sie von kätzischer Gesellschaft, die gegen den Frustfaktor Nummer Eins unter Stubentigern hilft: Langeweile. Katzen kennen den engen Kontakt zu Artgenossen noch von Wurfgeschwistern und Mutter. Vielleicht sogar von weiblichen Verwandten, die manchmal bei der Aufzucht der Jungen helfen. Je kürzer das Leben in Gemeinschaft zurück liegt, desto leichter fällt die Gewöhnung an einen neuen Partner.

Allein unter Menschen

Wie sich eine Katze fühlt, die allein unter Zweibeinern lebt, lässt sich nur vermuten. Da viele eine enge Bindung zu ihrem Menschen haben und ihr Verhalten samt Tagesablauf stärker nach dem seinen ausrichten, fühlen sie sich wahrscheinlich selber ein wenig als Mensch. Oder sie empfinden ihr zweibeiniges Gegenüber, das sie so liebevoll versorgt, als Mutterkatze. Natürlich können die anpassungsfähigen Tiere auch einzeln gehalten werden, wenn sie verstärkt beschäftigt werden. Wohnungskatzen, die lange allein gelebt haben, akzeptieren oft sogar keine anderen Katzen mehr in ihrer Nähe, empfinden sie ausschließlich als Konkurrenten. Wer also nur ein einzelnes Tier halten möchte, sucht am besten eins, das schon jahrelang allein gelebt hat.

Freundschaft in vier Wänden

Aufregender ist das Leben mit einem Freund. Hat eine Katze bisher in Gesellschaft anderer Samtpfoten gelebt, fehlt ihr etwas, wenn sie plötzlich allein ist. Vor allem die agilen Jungkatzen, die eben noch mit ihren Wurfgeschwistern gespielt

Zu zweit ist das Leben gleich doppelt so schön.

haben, leiden unter dem Alleinsein. Sie brauchen unbedingt einen Partner, mit dem sie gemeinsam ihre Energie in Spielen herauslassen können. Auch ältere Katzen finden oft Trost bei ihren felinen Freunden und genießen deren Nähe. Wer zwei Katzen hält, braucht nicht zu befürchten, dass die Tiere sich nur mit sich beschäftigen und sich vom Menschen abkapseln. Ein Katzenpaar ist ebenso an Streicheleinheiten und Aufmerksamkeit interessiert wie ein Einzeltier. Allerdings können die beiden sich miteinander beschäftigen, wenn sonst niemand zu Hause ist. Das bereichert den Katzenalltag und erleichtert ebenso das eigene Gewissen, wenn man doch mal länger wegbleiben muss. Langsames Annähern, Revieraufteilung und Neckereien: Zwei Katzen können gemeinsam ein größeres Spektrum an Verhaltensweisen ausüben als allein unter Menschen. Mit ihrem Partner können sie die Fang- und Raufspiele spielen, die bei Einzeltieren sonst zu kurz kommen. Der Freund hält der Katze einen sinnbildlichen Spiegel vor und reflektiert ihr Verhalten.

Gruppendynamik im Minirevier

In einem Mehrkatzenhaushalt herrscht nicht ausschließlich Eitelsonnenschein, sondern auch Uneinigkeit oder gar Raufereien. Das ist ebenso normal wie in menschlichen Wohngemeinschaften und wenn der Streit nicht überhand nimmt, kein Grund zur Panik. Anlass kann Stress wie ein Tierarztbesuch sein, der Anblick einer fremden Katze am Fenster oder unterschiedliche Ansichten über die Revieraufteilung. Wie die Grünanlagen draußen besitzt auch die Wohnung für uns unsichtbare Reviergrenzen. Während die eine Katze etwa in der Küche das Sagen hat, besitzt sie im Schlafzimmer nur Aufenthaltsrecht und muss sich dort dem Willen der anderen Katze beugen und umgekehrt. Ein beliebtes Mittel, das Leben auf so beengtem Raum zu organisieren, ist das Time-Sharing. Darf eine Katze tagsüber auf dem Sofa und die andere auf dem Bett schlafen, ist es nachts vielleicht genau andersherum. Wer wann und wo das Sagen hat, das kann sich ständig ändern. Riecht ein Tier nach einer Operation und mehrtägiger Abwesenheit nach Tierklinik, muss es nach der Rückkehr eventuell wieder ganz von vorne anfangen und sich seine Hoheitsrechte neu erkämpfen. Kommt ein neues Tier in die Katzengruppe, werden ebenfalls die Karten neu gemischt. Eine strikte Hierarchie gibt es nicht.

Eins, zwei, drei, ganz viele

Wer mag, genügend Zeit, Platz und finanzielle Mittel hat, kann auch drei oder mehr Tiere halten. Wann die höchstmögliche Anzahl an Katzen für einen Haushalt erreicht ist, hängt von den Katzen selbst, ihrer Umwelt und ihren Menschen ab. Wichtig ist, dass Katzenfans nicht den Überblick verlieren und in der Lage sind, den Bedürfnissen jedes Katzenindividuums nachzukommen.

Wie sozial ein Tier ist, zeigt sich meist erst in der Praxis. Manchen ist schon ein Partner genug,

Katzen sind nicht gerne allein. Wer viel unterwegs ist, sollte seiner Katze vierbeinige Gesellschaft gönnen.

Nicht immer wird aus einem Katzenduo solch ein inniges Paar. Manchmal bleibt es bei einer friedlichen Koexistenz. Lebt eine große Katzengruppe im Haus, sinkt die Chance auf ein harmonisches Miteinander mit jedem neu hinzukommenden Tier.

während andere zwei oder drei weitere Tiere tolerieren. Eine Gruppe bietet mehr Konfliktpotential als ein Paar oder Trio. Je größer die Katzengruppe, desto mehr unterschiedliche Beziehungen müssen die einzelnen Tiere managen. Wann das in Stress ausartet, ist individuell verschieden. Bei größeren Gruppen können nicht alle Individuen gute Freunde sein; manche tolerieren sich vielleicht nur und leben nebeneinander her. Setzen die Tiere sich gegenseitig unter Stress, zeigt sich das in vermehrten Kämpfen, die schon bei geringfügigen Anlässen oder ohne ersichtlichen Grund regelmäßig einsetzen. In dem Fall muss die Gruppengröße zum Wohl der Tiere minimiert werden. Ist genügend Zeit vorhanden, um alles sauber zu halten und mit jedem Schützling ausreichend zu spielen und zu kuscheln? Haben die Tiere ausreichend Platz, um sich aus dem Weg zu gehen, wenn sie Ruhe brauchen? Erlauben die finanziellen Mittel es, alle Tiere durchzufüttern und tierärztlich versorgen zu lassen? Ist es nicht nur der eigene Wunsch nach einem neuen Tier, sondern tut eine weitere Katze der Gruppendynamik gut oder stört diese zumindest nicht? Wer diese Fragen mit Ja beantworten kann, der kann es auf einen Versuch ankommen lassen.

Voraussetzungen für eine harmonische Partnerschaft

Kastration
Was bei Einzelkatzen empfehlenswert, ist im Mehrkatzenhaushalt Pflicht. Nur wenn alle Tiere kastriert sind, können unerwünschtes Vermehren und heftige Revierkämpfe verhindert werden.

Futterstelle
Tauschgeschäfte und Futterdiebstahl können Katzenhalter kaum verhindern. Trotzdem sollten so viele Futterplätze vorhanden sein, dass jedes Tier in Ruhe fressen kann. Nur so vermeidet man Missverständnisse.

Aus dem Weg
Jede Katze braucht zwischendurch Ruhe. Die Wohnung muss groß genug sein und genügend Versteckplätze bieten, damit die Tiere sich aus dem Weg gehen können.

Schlaf gut
Für jedes Tier muss mindestens ein ruhiger Schlafplatz zum Entspannen zur Verfügung stehen.

Katzentoilette
In Sachen Katzenklo verstehen die meisten Tiere keinen Spaß. Manchmal hindert sie eine andere Katze sogar daran, das stille Örtchen zu benutzen. Damit es keine Raufereien um das Geschäft gibt, ist idealerweise mindestens ein Katzenklo pro Tier vorhanden.

Wer passt zu wem – Eine Zweitkatze aussuchen

Katzen sind eigen. Nicht immer mögen sich zwei Tiere auf Anhieb und geben ein harmonisches Paar ab. Ein paar Tipps für Katzenkuppler.

Gute Bekannte

Wer von vorneherein ein Katzenpaar sucht, hat es relativ leicht. Entweder nimmt er zwei Jungkatzen bei sich auf, die sich grundsätzlich schnell zusammenraufen. Oder er entscheidet sich für ein Paar, das bereits länger zusammenlebt. Suchen Halter per Inserat ein neues Heim für Ihre Schützlinge, handelt es sich oft um mehrere Katzen, die nicht getrennt werden sollen. Auch im Tierheim gibt es harmonische Paare, die auf eine Vermittlung warten. Ebenso mehrere Einzeltiere, die nicht allein sein wollen und sich dort angefreundet haben. Obwohl der Ortswechsel Unruhe in ihr Leben bringt, bleiben diese Tiere in der Regel auch in ihrem neuen Zuhause gute Freunde und geben sich in der aufregenden Eingewöhnungszeit gegenseitig Halt.

Wer bereits miteinander bekannt ist, lebt meist auch nach dem Ortswechsel friedlich zusammen.

Neuer Freund gefällig?

Die Gründe, warum man seiner Katze Gesellschaft gönnen möchte, können vielfältig sein. Vielleicht ist ein Jungtier zugelaufen, das nicht alleine aufwachsen soll. Eventuell hat die Katze sich während der Urlaubsbetreuung so gut mit den dort anwesenden Tieren verstanden, dass ihr nun etwas fehlt. Oder sie wirkt unterfordert und einsam, weil die Menschen seltener zu Hause sind als gewohnt. Ist der Partner der Katze gestorben, braucht sie vielleicht einen neuen Freund. In dem Fall sollte sie wie Menschen Zeit zum Trauern und Verarbeiten haben, bevor sie einen neuen Kumpel vorgesetzt bekommt.

Einzelgänger entlarven

Seiner Katze einen Partner zu gönnen, ist eine schöne Entscheidung. Wird doch der Alltag durch das neue Haustier mindestens ebenso spannend wie beim Einzug der Erstkatze. Ist die bereits ausgewachsen, muss vorher unbedingt ihre Sozialverträglichkeit getestet werden.

Manche Exemplare akzeptieren nach jahrelangem Einzelkatzendasein keine Artgenossen mehr. In dem Fall wird es wohl leider nichts mit dem Katzenkumpel. Ob Ihre Miez ein ebensolcher Katzenfan ist wie Sie selbst, können Sie mit Hilfe von befreundeten Katzenhaltern testen. Natürlich sollte deren Katze eindeutig sozialverträglich sein. Ansonsten wird vielleicht nicht klar ersichtlich, an wem es gelegen hat, wenn die beiden Tiere sich streiten. Nehmen Sie Ihr Tier in das Revier der freundlichen Katze mit oder laden Sie diese in das Revier Ihrer Katze ein. Jede Variante wird ein anderes Verhalten der Tiere zeigen. In ihrem eigenen Revier zeigt sich die Katze selbstbewusster als auf unbekanntem Terrain. Idealerweise besitzt keine Katze bei diesem Test einen Heimvorteil und Sie arrangieren das Rendezvous bei Freunden, die kein Tier besitzen. Wird dort etwas gefaucht, ist das normal. Kämpfen beide hingegen miteinander und knurren bereits beim Anblick der anderen Katze, selbst wenn schon Stunden seit dem Erstkontakt vergangen sind, stehen die Chancen für eine Katzenverkupplung schlecht. Natürlich ist es möglich, dass nur die beiden Exemplare, die sich dort gegenüberstehen, einander nicht riechen können und ein anderes Tier eine völlig andere Reaktion hervorruft. Darauf verlassen kann man sich allerdings nicht. Wer erwartet, dass seine Katze beim ersten Date direkt mit dem fremden Artgenossen kuschelt oder spielt, verlangt etwas viel von seinem Tier. Es reicht, wenn sie sich akzeptieren, entweder neugierig beschnuppern oder in Ruhe lassen. Natürlich ist auch das keine Garantie für ein harmonisches Zusammenleben der Alt- und Neukatze. Die gibt es nämlich nicht. Aber zumindest eine gute Voraussetzung. Wer eine Katze von Bekannten oder dem Züchter aufnehmen möchte, kann diesen ersten Test auch gleich mit der entsprechenden Katze durchführen. So können sich die künftigen Partner bereits auf neutralem Boden beschnuppern, bevor es ernst wird. Kommt die Katzen aus dem Tierheim oder hat bereits einen harten Schicksalsschlag hinter sich, sollte ihr dieser zusätzliche Stress des Hin- und Hertransportierens allerdings erspart werden.

Passende Partner

Scheint Ihre Katze ein geselliger Typ zu sein, kann die Partnersuche losgehen. Natürlich darf auch der neue Mitbewohner kein Problem mit anderen Katzen haben. Jungkatzen freuen sich in der Regel über jede Art von Gesellschaft und sind nicht wählerisch. Wer also eine Jungkatze besitzt, holt einfach eine Gleichaltrige dazu. Extrem verspielte, erwachsene Katzen profitieren ebenso von solch einem temperamentvollen Spielkameraden. Wohnt eine Seniorkatze im Haus, ist die wahrscheinlich wenig begeistert davon, ständig von einem Energiebündel geweckt zu werden. Womöglich reagiert

Einzelgänger Katze? Ein altes Klischee, das regelmäßige Zusammenkünfte von Katzen widerlegen.

sie mit Abwehr. Im Idealfall passt das Alter beider Katzen zusammen. Sie müssen nicht exakt gleich alt sein, sollten sich aber im selben Lebensabschnitt befinden, so dass sie dieselben Bedürfnisse haben. Je älter eine Katze ist, desto eigenwilliger und skeptischer gegenüber Gesellschaft ist sie auch. Verspielte Tiere haben es hingegen leichter, sich beim gemeinsamen Toben näher zu kommen.

Eine Frage des Charakters

Manche Katzen freuen sich so sehr über Gesellschaft, dass sie jeden Artgenossen akzeptieren. Einige haben nichts gegen einen Spielkameraden, solange der sich unterordnet. Andere stecken dermaßen voller Energie, dass sie einen ebenbürtigen Partner brauchen, der ihrem Übermut gewachsen ist. Katzenpartner auszusuchen ist ebenso komplex wie das erfolgreiche Verkuppeln von Menschen. Wer das Wesen seiner Katze kennt, ist klar im Vorteil. Wie reagiert sie bei Angst? Zieht sie sich zurück oder zeigt sie Angstaggressionen? Wie verhält sie sich, wenn sie ihre Ruhe haben will? Braucht sie den ganzen Tag über Aufmerksamkeit oder ist sie ein genügsamer Zeitgenosse? Spielt oder schläft sie besonders viel? Wer seine Katze gut einschätzen kann, ihr Gemüt und den Lebensstil kennt, spricht am besten einen Mitarbeiter des Tierheims oder einer Katzenvermittlung darauf an und fragt nach einem Tier, das zu diesen Charaktereigenschaften passt. Dieser Informationsaustausch ist ebenso hilfreich beim Melden auf Inserate. Wird dort eine ängstliche Katze angeboten, passt die wohl kaum zum Wildfang im Haus. Aber auch hier gilt: Katzen können immer wieder überraschen und durch eine Veränderung des Umfelds plötzlich völlig neue Verhaltensweisen an den Tag legen. Vielleicht entpuppt sich der kleine Feigling in Gesellschaft als mutiges Tier, das die Zweitkatze beschützt? Eine Garantie für die perfekte Partnerschaft existiert zwar nicht, aber man kann mit etwas Recherche und Feingefühl die Chancen erhöhen und Risiken minimieren.

Die Eingewöhnung – Katzen miteinander bekannt machen

Mit einer neuen Katze im Haus wird es erstmal ebenso interessant wie turbulent. Denn eine harmonische Beziehung braucht Zeit, um zu wachsen. Nur nichts überstürzen heißt hier das Motto.

Erste Vorkehrungen

Das erste Kennenlernen ist eine heikle Angelegenheit. Ist das eigene Tier wirklich so ein soziales Exemplar wie angenommen? Hält es die neue Katze womöglich für einen feindlichen Eindringling? Passen die Charaktere zusammen? Wie das Treffen abläuft, kann niemand voraussagen. Wer ein paar Vorkehrungen trifft, erleichtert aber beiden Tieren den Umgang mit dieser ungewohnten Situation.

1. Echt dufte

Selbst wenn das erwähnte Vortreffen beider Katzen auf neutralem Boden nicht immer möglich ist, kann man die künftigen Partner indirekt miteinander bekannt machen. Was bei Menschen der Chat oder das Telefonat vor dem Blinddate, ist bei Katzen die Duftbotschaft. Vertauschen Sie ein paar Tage vor dem Einzug die Schlafdecke Ihrer Katze mit der des neuen Tieres. So können die beiden sich vorab gefahrlos beschnuppern und an den Geruch des anderen gewöhnen.

2. Immer mit der Ruhe

Wählen Sie für den Tag der Ankunft einen ruhigen Tag, an dem keine Störungen die beiden aus der Fassung bringen. Am besten das Zusammentreffen auf ein Wochenende oder die Ferien legen. An dem Tag sollten Hektik durch Besuch und Handwerker ebenso tabu sein wie Krach durch Möbelrücken und Staubsaugen. Katzenklo, Schlafkorb und Futterplatz stehen am besten schon an ihrem Platz, wenn der Neuling ankommt.

3. Satt und zufrieden

Eine hungrige Katze ist eine nervöse Katze. Deshalb sollten beide Tiere vor dem Treffen genügend gefressen haben. Haben sie zusätzlich eine Extraportion Streicheleinheiten bekommen und sich beim Spielen ausgetobt, sind sie ausgeglichen genug für den großen Augenblick.

4. Das riecht nach Zusammengehörigkeit

Katzen erkennen Familie und Freunde am Geruch. Durch gegenseitige Fellpflege und Köpfchenstoßen übertragen Tiere, die sich nahe stehen, ihren ganz persönlichen Duft auf ihr Gegenüber. So entsteht ein Gemeinschaftsgeruch, der ihre Zusammengehörigkeit belegt. Bei zwei Katzen, die zum ersten Mal aufeinandertreffen, kann es ebenfalls helfen, ihnen denselben Geruch zu geben. Eine bewährte Methode ist das Bestäuben des Fells mit Babypuder (dieselbe Sorte) beider Tiere kurz vor dem Zusammentreffen. Noch besser eignet

Je besser Katzenkuppler das erste Date beider Tiere planen, desto höher die Chance, dass die Schmusetiger sich schnell aneinander gewöhnen.

Jungkatzen sind nicht wählerisch und freuen sich über fast jeden Spielkameraden.

sich etwas Essbares wie köstlich duftendes Thunfischöl oder Sahne, das ins Fell geträufelt wird. So riechen die Katzen nicht nur gleich, sondern haben zusätzlich Gelegenheit zur ausgiebigen Fellpflege, die aufgeregte Katzengemüter beruhigt. Putzt sich eine Katze sogar im Beisein der anderen, ist die erste Gefahr gebannt.

5. Tief durchatmen

Katzen sind sehr empfänglich für menschliche Stimmungen. Sie lassen sich leicht von Unruhe und Panik anstecken. Je gelassener der Mensch bei der Zusammenführung, desto entspannter die Katzen. Also im Zweifelsfall vorab noch kurz spazieren gehen oder tief durchatmen, um den Kopf frei zu bekommen.

Erstes Beschnuppern

Ist die Wohnung präpariert, wirken alle Beteiligten satt und zufrieden, kann das Kennenlernen starten. Handelt es sich um zwei gesunde, entspannte Tiere, empfiehlt sich die simpelste Methode: beide Katzen einfach aufeinandertreffen lassen und so tun, als wäre nichts Besonderes passiert. Da die neue Katze sich nicht auskennt, braucht sie allerdings einen kleinen Zeitvorteil.

Sperren Sie die bereits vorhandene Katze in ein Zimmer, in dem sie sich gerne aufhält und lassen den Neuankömmling kurz die restliche Umgebung erkunden. So kann er vorab für den Notfall alle Flucht- und Versteckmöglichkeiten ausfindig machen. Hat er sich nach etwa einer halben Stunde an die Umgebung gewöhnt, öffnen Sie die

Friede, Freude, Eierkuchen: Pheromone beeinflussen das Befinden.

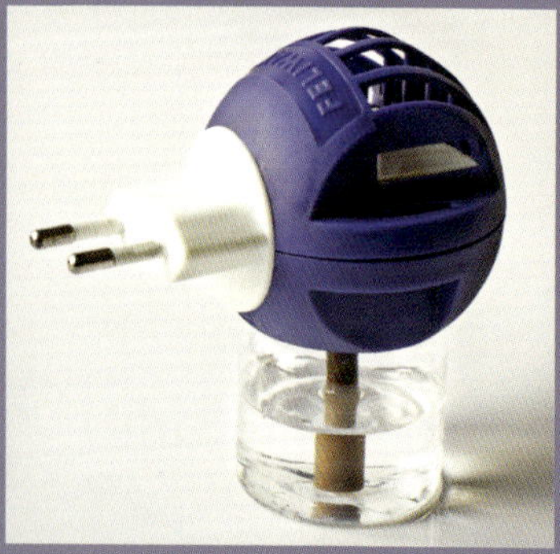

Pheromone zum Entspannen

Fällt die Eingewöhnung schwer, kann ein Pehromonpräparat helfen. Pheromone sind Lockstoffe, die Katzen mit ihren Duftdrüsen verteilen, wenn sie etwa ihren Kopf an Gegenständen im Revier reiben. Das schafft Wohlfühlatmosphäre. Spezielle Präparate vom Tierarzt imitieren diese Stoffe und entspannen so die gestresste Katzenseele. Als Spray zum punktuellen Einsatz etwa am Transportkorb und als Steckdosenverdampfer für großflächige Wirkung in der Wohnung erhältlich.

Tür und halten sich unauffällig im Hintergrund. Täuscht der Mensch Normalität vor, indem er fernsieht oder eine Zeitschrift liest, können sich die Katzen ungestört kennen lernen. Im besten Fall gehen die beiden langsam aufeinander zu und beschnuppern sich. Vielleicht bleiben sie aber auf Abstand und beobachten sich aus sicherer Entfernung. Faucht jemand oder verteilt kurze Pfotenhiebe, ist das kein Grund zur Panik. Schließlich steht da plötzlich ein Eindringling im Revier.

Im Ernstfall: Streithähne trennen

Im schlimmsten Fall kommt es sofort zu einem heftigen Kampf. Werden die Katzen zu einem Knäuel, das geräuschvoll durch die Wohnung rollt und nicht so aussieht, als würde es von selbst zur Ruhe kommen, sind die beiden wohl noch nicht so weit. Sie müssen vorerst getrennt werden. Da die Streithähne während des Kampfes Freund nicht von Feind und Hand nicht von Pfote unterscheiden können, ist Vorsicht geboten. Auf keinen Fall mit bloßen Händen eingreifen, sondern besser mit einer Decke wedeln und so ein Tier aus dem Raum dirigieren. Alternativ die Decke um eine Katze wickeln, um sie gefahrlos hochzuheben und in ein Separee zu bringen. Die Tiere sollten zunächst in Ruhe gelassen werden. Sind die Haare nicht mehr aufgestellt und die Pupillen auf eine normale Größe geschrumpft, kann man sie wieder gefahrlos berühren. Vorher sollte kein zweiter Zusammenführungsversuch unternommen werden. Reagieren die Katzen dermaßen heftig, empfiehlt sich die langsame Methode der schrittweisen Zusammenführung.

Immer langsam

Entpuppen sich die Schmusekatzen als kämpferische Raubtiere oder möchten Sie die Tiere nicht direkt überfordern, können Sie die beiden langsam miteinander bekannt machen. Richten Sie

Streit oder kleine Rangelei? Hier ist der Verlauf noch offen. Kleine Uneinigkeiten sind normal. Kann ein Tier sich aus Angst nicht mehr frei bewegen, muss der Mensch eingreifen.

ein Zimmer her mit allem, was eine Katze zum Wohlfühlen braucht. Stehen Näpfe, Katzenklo, Spielsachen und Schlafkorb an ihrem Platz, kann die neue Katze einziehen. Zunächst bleibt die Tür geschlossen.
Hatte das Tier genügend Zeit zum Umsehen, gehen Sie regelmäßig hinein und leisten ihr Gesellschaft. Die Erstkatze wird bald neugierig durch den Türspalt schnuppern und den Geräuschen, die aus dem Raum kommen, horchen. Fühlt der Neuankömmling sich bereits heimisch und wirkt selbstbewusst, bleibt die Tür kurze Zeit lang einen Spalt breit offen stehen. So können die beiden sich vorsichtig beschnuppern und der Neuling kann die Wohnung erkunden. Auch hier empfiehlt sich, nicht zu viel Aufhebens um die Katzen zu veranstalten, da die Situation bereits aufregend genug für sie ist. Wirkt ein Tier ängst-

lich, aggressiv oder überfordert, wird die Tür wieder geschlossen, damit die aufgeregten Gemüter zur Ruhe kommen. Läuft alles gut, werden Frequenz und Zeitdauer, in denen die Tür offen steht, schrittweise erhöht. Bis die Tür schließlich ganz auf bleibt. In der Zeit der Separierung darf sich natürlich keine Katze vernachlässigt fühlen und beide benötigen viel Zerstreuung durch Beschäftigung, um die Aufregungen zu kompensieren. Wirken die Katzen dennoch übermäßig nervös, kann ein Pheromonpräparat vom Tierarzt helfen (siehe Seite 44).

Tipps für die Eingewöhnungszeit

Ist die Zweitkatze angekommen, liegt es allein an den beiden Tieren, ob aus ihnen ein gutes Paar wird. Zwar können Menschen die Sympathie unter den Katzen nicht steuern, aber die schwierige Startphase des Zusammenlebens zumindest erleichtern und stressarm gestalten. Regeln für die Eingewöhnungsphase:

1. Ruhe bewahren

Je ruhiger der Mensch, desto entspannter die Katzen. Das gilt nicht nur für den Tag der Ankunft. Wirken die Tiere anfangs nervös, hilft es ihnen wenig, wenn man selber in Panik gerät. Wen das ständige Umeinanderherumschleichen nervös macht, verlässt am besten den Raum und sieht gar nicht hin.

2. Raushalten

Beim Beschnuppern versuchen die Katzen, ihr Gegenüber einzuschätzen: Ist es friedlich gestimmt oder ein angriffslustiger Konkurrent? Das erfordert ihre volle Aufmerksamkeit. Steht der Halter ständig daneben, kommentiert die Annäherungsversuche und greift ins Geschehen ein, stört das die Tiere nur beim Kennenlernen. Auch kleine Reibereien müssen ausgefochten werden. Sonst staut sich womöglich Frust auf, der sich explosionsartig entlädt, wenn niemand damit rechnet. Je ungestörter die Katzen sich kennen lernen, desto schneller kehrt die gewünschte Harmonie ein. Deshalb, auch wenn es schwerfällt, einfach raushalten aus der kätzischen Beziehungskiste und wirklich nur im Notfall eingreifen. Auf keinen Fall die Katzen bei der Kontaktaufnahme festhalten.

3. Ablenkung

Sieht es so aus, als würden die beiden sich gleich prügeln, dürfen Menschen natürlich eingreifen. Am besten mit einem Ablenkungsmanöver statt einer Maßregelung. Dafür eignet sich Futter oder ein Spiel, allerdings bevor es bei den kleinen Raubtieren so richtig zur Sache geht. Zu einem späteren Zeitpunkt könnten die Katzen die Aufmerksamkeit als Belohnung für ihr unerwünschtes Verhalten ansehen.

4. Animieren

Ein Spiel mit einem rollenden Korken oder einer Federangel hilft, zwei scheue Exemplare unauffällig aneinander heranzuführen. Lassen die beiden sich durch das Spiel so stark ablenken, dass eine sich im Beisein der anderen Katze unbefangen bewegt, ist ein großer Schritt vollbracht. Sieht die andere Katze beim Spielen zu, ermutigt sie das, ebenfalls mitzuspielen. Und gemeinsam Spaß haben fördert die Freundschaft.

5. Eifersucht vermeiden

Wahrscheinlich ist die alteingesessene Katze zunächst wenig erfreut, ihr Revier samt Zuneigung ihrer Menschen nun teilen zu müssen. Daher gilt es besonders in den ersten Wochen, Eifersucht zu vermeiden. Zum Kennenlernen der Neukatze haben Sie noch genügend Zeit. Das muss erstmal warten. In der Eingewöhnungsphase braucht die Erstkatze ihren Menschen mehr als sonst. Mit ei-

Weiterhin Nummer Eins: Um Eifersucht zu vermeiden, sollte der Neuling trotz allem Interesse nicht bevorzugt werden.

ner Extraportion Aufmerksamkeit muss ihr das Gefühl vermittelt werden, trotz allem weiterhin im Mittelpunkt zu stehen. Die neue Katze wird in all der Aufregung, ihr neues Zuhause zu erforschen, bestimmt nicht böse darüber sein, anfangs nur Nummer Zwei zu sein.

6. Geduld

Wie alles in der Welt der Katzen braucht auch das Verkuppeln Geduld. Kommt es zu einem Rückschlag, weil eine Katze über den Nachbarshund erschrickt und ihren Frust am Katzenpartner auslässt, nur nicht den Mut verlieren. Rückschritte gehören manchmal dazu. Hängt der Haussegen schief, beginnt das Trennen der Tiere und langsame Zusammenführen eben nochmals von vorn. Verbessert sich die Lage allerdings auch nach Wochen nicht, müssen neue Maßnahmen ergriffen werden. Maßnahmen, die speziell auf die Charaktere und Lebenssituation der Katzen zugeschnitten sind. Dabei können der Tierarzt oder ein Verhaltenstherapeut für Katzen helfen.

Kapitel 4

Revier Wohnung

Kommt eine Katze ins Haus, wird die Wohnung zum Revier. Daran stellen die Samtpfoten ganz eigene Ansprüche.

Pudelwohl im Minirevier – Feliner wohnen

Gemütlichkeit statt Design, Bäume statt DVD-Player. Würden Katzen über die Einrichtung bestimmen, sähen unsere Wohnungen völlig anders aus. Riesige, prall gefüllte Vorratsschränke würden Kunstobjekte und Garderobe ersetzen, der Nippes müsste zugunsten von Kuscheldecken die Fensterbänke räumen. Verschlossene Türen wären ebenso Geschichte wie penibel aufgeräumte Zimmer. Zum Glück dürfen Menschen sich die Einrichtung nach ihrem persönlichen Geschmack selber aussuchen. Aber mit ein paar kleinen Vorkehrungen kann jeder in den eigenen vier Wänden neue Anreize für seine Katze schaffen. Die ersetzen die Gegebenheiten des Freiluftreviers und machen aus einer normalen Wohnung eine Wohlfühloase für Stubentiger.

Katzen lieben Höhlen zum Spielen, Verstecken und Auflauern wie diesen Stofftunnel.

Beständigkeit

Katzen sind neugierig und freuen sich über vieles, was die Langeweile des Alltags durchbricht. Dennoch sind ihnen große Veränderungen im Revier ein Gräuel. Nach Umzug und Renovierung fühlen sie sich unsicher und müssen sich völlig neu zurechtfinden. Deshalb sollten auch nach Neumöblierung und Umbaumaßnahmen die wichtigsten Anlaufpunkte der Katze ihren Standplatz behalten. So findet die verunsicherte Miez wenigstens Kratzbaum, Katzentoilette und Futterstelle auf Anhieb wieder. Das beruhigt.

Höhlen

Katzen lieben Höhlen. Die geben Sicherheit und versprechen aufregende Abenteuer. Dort können sie sich vor Gefahren wie den Kindern der Gäste verstecken, ihrem Menschen für ein Fangspiel auflauern oder ein gemütliches Schläfchen halten. Als Versteck eignet sich der Platz unter dem Sofa ebenso gut wie die Kratzbaumhöhle oder die Wäschetruhe. Bietet die Wohnung nur wenige Versteckmöglichkeiten, schaffen aufgestellte Pappkartons, Papiertüten ohne Henkel (Strangulierungsgefahr) und über Möbel geworfene Decken einen prima Ersatz. Außerdem bietet der Fachhandel spezielle Plüschhöhlen, Tonnen und Stofftunnel zum Spielen und Verstecken an.

Schlafplatz

Kurios, welche Orte Katzen manchmal als gemütlichen Schlafplatz erachten. Als Mensch mag man sich nur schwer vorstellen, dass die Aktenordner auf dem Schreibtisch, die harten Fliesen an der Türschwelle oder der viel zu kleine Schuhkarton ein bequemes Katzenbett abgeben. Trotz der ständig wechselnden, ausgefallenen Lieblingsorte braucht jede Katze einen festen Ruheplatz nur für sich. Der sollte fern von Lärm und Hektik stehen, damit das Tier sich dort sicher fühlt. Liegt es in seinem Körbchen, darf es nicht gestört werden.

Kratzplatz

Draußen schärfen Katzen ihre Krallen an Bäumen und Lattenzäunen. Drinnen übernimmt diese Funktion der Kratzbaum. Je nach Ausmaßen landet er wahrscheinlich einfach da, wo genügend Platz ist. Idealerweise in der Nähe eines Fensters. Passt er dort nicht hin, eignet sich auch ein anderer Ort, an dem die Tiere sich gerne aufhalten. Zum Beispiel in der Nähe des Schlafplatzes. Denn Katzen verbinden das Schärfen der Krallen gerne mit dem Strecken des Körpers nach dem Schlafen. Benutzt die Katze trotz Kratzbaum dazu die Tapete, können kleine Kratzbretter helfen, die an der Stelle an der Wand befestigt werden.

Fernsehen auf Katzenart: Der Lieblingsplatz der meisten Katzen ist am Fenster oder an der Balkontür. Dort können kleine Naturforscher sich stundenlang beschäftigen.

Katzentoilette

Niemand möchte sein Geschäft verrichten, während andauernd jemand vorbeiläuft und neugierige Blicke ihn begutachten. Das gilt auch für Katzen. Sind sie doch in diesem Moment in freier Wildbahn absolut hilflos, falls plötzlich Feinde und Konkurrenten auftauchen. Auch in der sicheren Wohnung möchten Katzen ihre Ruhe haben, wenn sie die Toilette aufsuchen. Sie sollte in einer abgeschiedenen Ecke und weit entfernt vom Fressnapf stehen, zum Beispiel im Gäste-WC oder Badezimmer.

Hilfe für Senioren

Auch wenn die Katze schon alt und unbeweglich ist, möchte sie womöglich nicht auf den Beobachtungsposten Fensterbank oder das Dösen auf dem Sofa verzichten. Damit sie sich trotz nachlassender Sprungkraft in der ganzen Wohnung frei bewegen kann, braucht sie etwas Hilfe. Und zwar in der Form von Treppen, mit denen sie erhöhte Plätze einfacher erreicht. Wer keine speziellen Haustiertreppen kaufen möchte, kann mit Fußbänken und kleinen Kisten Stufen schaffen, die den Aufstieg erleichtern.

Zimmer mit Aussicht

Katzen lieben Fensterbänke. Nur dass Menschen darauf Blumen und Zierrat abstellen, können sie kaum nachvollziehen. Eignen die Flächen sich doch viel besser als Beobachtungsposten. Fensterbänke sind ein ideales Mittel gegen Langeweile. Das Katzenfernsehprogramm wird noch spannender, wenn ein Stück Natur mit fallendem Laub, flitzenden Eichhörnchen und umherfliegenden Vögeln in Sichtweite ist. Ein besonderer Genuss: Das Räkeln in Sonnenstrahlen, die eine nahezu hypnotische Wirkung auf Katzen ausüben. In jedem Katzenhaushalt sollte eine Fensterbank mit Decken oder Kissen zur Wellnessoase für Katzen aufgerüstet werden. Ist der Sims zu schmal, verbreitern ihn spezielle Auflagen aus dem Fachhandel oder ein Beistelltisch. Auch ein Kratzbaum mit erhöhten Liegeflächen wird durch den Standort am Fenster aufgewertet.

Ob im Baum oder auf dem Schrank: Erhöhte Plätze sind ideale Beobachtungsposten, um das Revier zu kontrollieren.

Hochsitz

Draußen sind es Bäume, Geräteschuppen und Gartenmauern, drinnen der Kleiderschrank, die Kratzbaumempore und das Bücherregal: Katzen beobachten das Treiben in ihrem Revier gerne von erhöhten Plätzen aus. Das gibt Sicherheit und schafft den perfekten Überblick. Kein Ort könnte besser sein, um Eindringlinge und das Nahen von Beute, das drinnen durch das Öffnen einer Dose ersetzt wird, direkt zu entdecken. Auch zum Schlafen begeben sich Katzen gerne hoch hinaus. Wer ein Kissen oder Körbchen auf den Schrank oder in ein Regalfach legt, schafft Behaglichkeit am Katzenhochsitz. Bastler können ihren Tieren außerdem mit Winkeln verstärkte Bretter in die Wand schrauben und auf diese Art sogar ganze Katzenstraßen in der Wohnung errichten.

Luftiges Plätzchen

Noch schöner wird der Aussichtsplatz am Fenster, wenn er mit den spannenden Düften von draußen angereichert wird. Doch die Katze am offenen Fenster sitzen zu lassen, ist extrem gefährlich (siehe Seite 54). Wer seinen Vermieter fragt, bekommt vielleicht die Erlaubnis, ein Fliegengitter anzubringen, das der Katze den gefahrlosen Genuss von Frischluft erlaubt. Das Gitter muss aus Metall sein, da Plastik und einfache Nylonvarianten schnell zerkratzt werden. Alternativ gibt es spezielle Katzennetze, deren stabile Maschen eng genug sind, damit die Tiere sich nicht darin verheddern oder strangulieren können. Ob Gitter oder Netz: Die Absicherung muss so fest verschraubt sein, dass sie auch dann noch hält, wenn die Katze darin herumklettert.

Natur pur auf Balkonien

Der größte Luxus für einen Stubentiger ist ein mit Netzen abgesicherter Balkon. Hier kann er nach Herzenslust Vögel beobachten, Frischluft tanken und ein kleines Stück Natur genießen. Richtig exklusiv wird der Balkon durch einen kleinen Kratzbaum oder eine erhöhte Liegefläche. Ungiftige Pflanzen wie etwa Katzenminze machen den Balkon zum Minigarten. Wer einen ausgedienten Sandkasten oder die Schale einer Katzentoilette mit Gras bepflanzt, schafft seinem Tier sogar eine kleine Wiese zum Verstecken, Wälzen und Knabbern.

Platz zum Futtern

Fressen ist für Katzen eine ernste Angelegenheit, bei der sie nicht gestört werden wollen. Deshalb benötigt jede Katze ihre eigene, feste Futterstelle, die sich an einem ruhigen Ort ohne Durchgangsverkehr befindet. Also besser in der Ecke der Küche als direkt neben der Tür oder vor der Spülmaschine. Da Katzen ungern an derselben Stelle fressen und trinken, steht der Wassernapf ein paar Meter weit entfernt.

Stubentiger freuen sich über Frischluft und ein kleines Naturerlebnis auf Terrasse und Balkon. Der Genuss ist aber nur dann ungefährlich, wenn Fenster und Co. mit einem Gitter oder Netz abgesichert sind, um Stürze zu vermeiden.

Ein sicheres Zuhause – Gefahren im Haushalt erkennen

Katzen sind kleine Entdecker, die auf der Suche nach spannenden Unterhaltungsangeboten ständig ihr Revier Wohnung erkunden. Die neugierigen Tiere probieren dabei leider auch Dinge aus, die Gefahren bergen. Vor allem Jungkatzen finden zielsicher jede Gefahrenquelle im Haushalt. Katzenhalter müssen also ein Gespür für all das entwickeln, was Katzen interessieren und ihnen gefährlich werden können.

Fenster und Balkon

Der Duft der Freiheit wirkt auf Stubentiger faszinierend. Kaum ein Tier kann dem Drang widerstehen, seinen Kopf durch den offenen Fensterspalt hindurchzuzwängen. Geöffnete Kippfenster sind extrem gefährlich und haben schon viele Tiere das Leben durch Strangulieren gekostet. Die perfekte Lösung sind spezielle Kippschutzgitter, die oben und an den Seiten des Fensters den Spalt absichern. Wer das Fenster ganz öffnen möchte, muss die gesamte Front vergittern oder die Katze so lange aussperren. Sonst sind Abstürze vorprogrammiert. Ebenso auf dem Balkon, der lückenlos mit Katzennetzen präpariert werden sollte. Denn selbst bei vorsichtigen Tieren siegt beim Anblick einer vorbeifliegenden Amsel im Zweifelsfall der Jagdtrieb.

Achtung Gift

Bei vielen Dingen im Haushalt droht Vergiftungsgefahr. Nicht nur bei Frostschutz- und Düngemitteln, auch scharfe Reiniger und bereits kleine

Ganz schön gefährlich: Meist siegt bei den Samtpfoten der Jagdtrieb über die Vorsicht. Es droht Sturzgefahr.

Katzen mögen Grünzeug. Doch viele Blumen und Zierpflanzen sind giftig.

Zimmerpflanzen

Viele Zierpflanzen sind giftig und gehören nicht in die Reichweite von Katzen. Zu groß ist die Gefahr, dass die Tiere daran herumkauen. Manchmal auch dann, wenn ihnen Ersatz in Form von Katzengras zur Verfügung steht. Auch ungiftige Topfpflanzen und Blumensträuße sollten nicht in großen Mengen verzehrt werden. Beim Neukauf besser nachfragen, ob die Pflanzen mit giftigen Substanzen behandelt wurden.

Giftige Pflanzen

- *Alpenveilchen*
- *Amaryllis*
- *Birkenfeige*
- *Calla*
- *Chrysantheme*
- *Efeu*
- *Korallenbäumchen*
- *Lorbeer*
- *Maiglöckchen*
- *Oleander*
- *Weihnachtsstern*

Ungiftige Pflanzen

- *Geweihfarn*
- *Glockenblume*
- *Hibiskus*
- *Heidekraut*
- *Kamelie*
- *Katzenminze*
- *Kentia-Palme*
- *Kokospalme*
- *Phoenixpalme*
- *Schwarzaügige Susanne*
- *Thymian*

Bei den aufgezählten Pflanzen handelt es sich um eine unvollständige Auswahl. Eine umfangreiche Datenbank zum Thema Giftpflanzen des Instituts für Veterinärpharmakologie und -toxikologie der Universität Zürich finden Sie im Internet: **www.giftpflanzen.ch**

Mengen von Medikamenten können die Tiere in Lebensgefahr bringen. Dass Katzen keine Giftstoffe fressen, ist eine Mähr, die schon vielen zum Verhängnis wurde. Die entsprechenden Behälter immer verschlossen und für die Katze unzugänglich aufbewahren.

Verbrennungsgefahr

Katzen kommen sofort angerannt, wenn es aus der Küche nach Steak und Sahnesoße duftet. Um sie nicht in Versuchung zu führen, sollten die Tiere nie allein im Raum gelassen werden, so lange die Herdplatten heiß sind und das Fett in der Pfanne spritzt. Das gilt auch für den eingeschalteten Toaster, das heiße Bügeleisen und offenes Feuer von Kerzen und im Kamin.

Diebstahl

Dürfen Katzen etwas nicht haben, klauen sie es eben. Manchmal schneller, als man gucken kann. Sind die Katze und die Sahnetorte zusammen allein im Raum, hat Mensch das Nachsehen. Neben Speisen muss auch der Hausmüll vor den Meisterdieben in Sicherheit gebracht werden. Eine Mülltonne mit Deckel verhindert das unerwünschte Ausschlecken von scharfkantigen Dosen und Fressen von nicht katzentauglichen Lebensmittelresten.

Schlafplatz Waschmaschine

Dunkle, warme Höhlen müssen in den Augen von Katzen etwas Hervorragendes nur für sie allein sein. Leider trifft das auch auf Waschmaschine und Trockner zu, die gerne als Schlafstätte genutzt werden. Schon einige Katzenhalter haben deshalb ihre Tiere versehentlich mit gewaschen, was selten glimpflich ausgeht. Außerdem können die Zehen und Krallen in den Löchern der Trommel hängen bleiben. Daher immer die Tür verschließen.

Bad

Fällt eine kleine Katze in die Badewanne oder Toilettenschüssel, kommt sie oft aus eigener Kraft nicht hinaus, da die Wände zu glatt zum Klettern sind. Daher den Deckel geschlossen halten und in der Nähe der gefüllten Badewanne bleiben.

Heizung

Am besten entspannen lässt es sich an warmen Plätzen. Ideal dafür eignet sich in den Augen der Katzen die Heizung, auf der viele Exemplare gerne schlafen. Auf altmodischen Röhrenheizkörpern oder Nachtspeicheröfen kein Problem. Einige moderne Modelle besitzen allerdings Abdeckungen mit schrägen Ritzen. Es gibt kaum einen Katzenhalter, der solche Heizkörper besitzt, dessen Tier nicht wenigstens einmal mit den Zehen darin hängen geblieben ist und sich nicht ohne Hilfe befreien konnte. Also am besten diese Abdeckung entfernen und austauschen, wenn möglich.

Gefahrengut

Katzen mögen Chaos. Das verheißt Verstecke und Spannung. Einige herumliegende Dinge können allerdings zur Gefahr werden und sollten daher immer sofort weggeräumt werden, zum Beispiel spitze Gegenstände wie Nadeln und Rasierklingen. Raschelnde Plastiktüten und Folien wirken besonders anziehend auf Katzen, bergen allerdings Erstickungsgefahr. Auch Schnüre und Wollknäuel sollten nur unter Aufsicht zum Spielen bereitgestellt werden.

Katzen lieben warme Höhlen. Deshalb die Waschmaschinentür stets geschlossen halten.

Sanitäranlagen sind zu glatt zum Herausklettern und vor allem für Katzenbabys eine Gefahr.

Offene Fenster mit einem Gitter oder Netz sichern. Dann wird die Frischluftzufuhr zum harmlosen Vergnügen.

Schön warm, aber gefährlich. Katzen können in den Rillen der Heizungsabdeckung hängen bleiben.

Kapitel 5

Gemeinsam leben

- Eine Frage des Verhaltens
- Der Tagesablauf der Samtpfoten
- Action macht glücklich
- Spannende Spiele für Stubentiger
- Alleine beschäftigen
- Samtpfoten im Zaum halten

Der Alltag mit einer Katze ist aufregend, immer wieder überraschend und manchmal auch ein bisschen anstrengend. Wer die natürlichen Verhaltensweisen seiner Miez kennt, kann das Zusammenleben mit spannenden Spielen noch abwechslungsreicher gestalten. Und mit ein paar Kniffen in Sachen Erziehung die Nerven schonen.

Was machst du denn da? – Ganz schön eigenartig

Aufmerksame Beobachter lernen schnell, welche Aktionen der Katze »Hunger«, »Mir ist langweilig« und »Streichle mich« bedeuten. Aber selbst diejenigen, die das ABC der Katzensprache beherrschen, stoßen regelmäßig auf erstaunliche Verhaltensweisen.

Warum starrt die Katze ständig die Tür an?

Manchmal scheint es, als wären Katzen überzeugt davon, telekinetische Fähigkeiten zu besitzen. Warum sonst sollten sie Gegenstände anstarren, die sie nicht erreichen können und den Griff vom Futterschrank mit ihrem Blick fixieren? Das liegt nicht etwa daran, dass die Katze heimlich »Star Wars« geguckt hat und nun versucht, die übersinnlichen Kräfte von Held Luke Skywalker nachzuahmen. Sie hat gelernt, dass Menschen dank ihrer Daumen fast alles können: Futterdosen hervorzaubern, Spielzeuge werfen und eben auch Türen öffnen. Das Anstarren verrät, dass das Tier darauf wartet, dass der Schrank sich öffnet. Da es nicht mit dem Finger darauf zeigen kann, wirkt es so, als würde es sich in Telekinese üben.

Warum mögen Katzen Menschen, die nichts von Katzen halten?

Viele kennen die Situation: Je stärker Besucher sich für Katzen interessieren, desto weniger Interesse zeigt die Katze an ihnen. Lädt man Tierfans ein, zieht sich die Katze zurück. Freunde, die nichts für Katzen übrig haben, beschnuppert das Tier und legt sich neben sie auf die Couch. Dieses Verhalten wirkt auf den ersten Blick fast arrogant, so als ob sich die Katze ihrer unwiderstehlichen Wirkung bewusst wäre. Doch die Samtpfote fordert hier nur gutes Benehmen ein. Das Anstarren von Lebewesen gilt im Katzenreich als äußerst unhöflich. Die Minitiger fixieren ihr Gegenüber mit den Augen, um ihre Überlegenheit zu demonstrieren, während unterlegene Tiere Blickkontakt vermeiden. Das Starren ist also in den Augen der Katze kein Zeichen von Interesse, sondern eine Dominanzgeste der neugierigen Gäste. Zeigt der Besuch hingegen Desinteresse, sieht die Katze keinen Grund zur Beunruhigung. Wer die Augen nicht von dem schönen Tier lassen kann, entschärft die Situation mit einem Blinzeln. Das gilt unter Katzen als ebenso sympathische Geste wie ein herzliches Gähnen.

Ihr durchdringender Blick lässt Katzen geheimnisvoll wirken.

Warum reagiert meine Katze nicht auf Rufe und das Klappern des Futternapfes?

Entweder hat sie gerade besseres zu tun und keine Lust zu reagieren. Oder sie hört schlecht. Auch bei Katzen lässt die Hörkraft im Alter nach. Manche Tiere sind gar von Geburt an taub. Das betrifft besonders häufig weiße Katzen mit blauen Augen. Taube Tiere maunzen und schreien zum Leidwesen ihrer Menschen zum Teil besonders laut, da sie sich selber nicht hören können. Wer eine taube oder schwerhörige Katze besitzt, sollte sich nie unbemerkt von hinten nähern, da das Tier sonst erschrickt. Durch das Aufstampfen auf den Boden entsteht eine leichte Erschütterung, die der Katze das Nahen ihres Menschen ankündigt.

Verstehen Katzen, was wir sagen?

Kaum ist das »Oh nein, das darf doch wohl nicht wahr sein« gesagt, verkriecht sich die Katze schuldbewusst in der Ecke. Auf die Aussage »Es tut mir leid, aber wir müssen zum Tierarzt« folgt die Flucht. Der Ausruf »Komm her, ich hab dir was mitgebracht« hingegen lässt sie freudig ankommen. Katzen sind keine Meister der Fremdsprachen, aber nicht dumm. Philosophische Erläuterungen verstehen sie ebenso wenig wie ausführliche Begründungen, warum sie etwas nicht dürfen. Die Samtpfoten können aber Stimmungen erkennen und den Tonfall ihres Menschen deuten. Sie unterscheiden verheißungsvolle Lockrufe von Verärgerung und bemerken die Besorgnis bei der Erwähnung des Tierarztes. Auch einzelne Worte, die in ihrem Leben eine große Bedeutung besitzen, merken sich Katzen ganz genau. Fallen in einer Unterhaltung beiläufig die Worte »Essen«, »Nein« oder »Hähnchen«, reagieren sie teilweise aufgeregt, auch wenn sie gar nicht gemeint sind.

Weshalb schnurrt die Katze beim Tierarzt?

Schnurrt die Katze, ist sie zufrieden. Das lernt jedes Kind. Katzen erzeugen diesen erstaunlichen Laut allerdings auch in unangenehmen Situationen. Wenn sie in die Transportbox gesteckt werden oder beim Tierarzt eine Spritze bekommen. Diese Tiere sind keineswegs masochistisch veranlagt, sondern setzen das Schnurren ein, um sich selbst und ihr Gegenüber zu beruhigen. Junge Katzen bitten auf diese Weise ältere Tiere um Nachsicht und eine freundliche Behandlung. So schnurren auch unsere Stubentiger auf dem Schoß wie beim Arzt, um zu zeigen, dass sie freundlich gesonnen sind. Sie versuchen, die Situation zu entschärfen. Der vibrierende Laut ist vergleichbar mit dem menschlichen Lächeln, das gleichermaßen bei Freude wie zur Besänftigung eingesetzt wird.

Wieso maunzen Katzen?

Verbale Kommunikation gilt bei Katzen als kindisch. Geräusche, die nicht unter Droh- und Angstlaute fallen, sind für sie nichts weiter als verpöntes Geschwätz. In freier Wildbahn schreien ausschließlich Katzenbabys, die ihre Mutter rufen. Sind erwachsene Katzen unter sich, reden sie fast gar nicht miteinander. Das Miau, Maunz und Mäh gilt bei ausgewachsenen Tieren allein den Menschen. Indem wir uns mit Futter, Fellpflege und Beschäftigung um die Tiere kümmern, haben wir sie von uns abhängig gemacht und so die Mutterrolle übernommen. Kein anderes Haustier wechselt so extrem zwischen den natürlichen Verhaltensweisen seiner wilden Verwandten und der Rolle als domestiziertes, abhängiges Tier, zwischen eigenwilligem Erwachsenen und liebebedürftigem Baby. Sobald ein Freigänger die Tür verlässt und seine Menschen nicht mehr sieht, schaltet er in den Erwachsenenmodus um. Während seiner Streifzüge verhält er sich völlig anders als in menschlicher Obhut. Kehrt die Katze zurück, ist sie wieder das maunzende, große Katzenbaby. Ein Stubentiger, der sich immer in unserer Nähe aufhält, bleibt das ewige Kind, das um unsere Aufmerksamkeit maunzt.

Sehen Katzen Geister?

Wenn Katzen nachts hochschrecken und wie gebannt in eine Richtung starren, wirkt das ganz schön unheimlich. Vor allem dann, wenn man selber gar nichts Ungewöhnliches entdecken kann. Grund genug für manch einen Katzenhalter, seinem Tier übersinnliche Wahrnehmung zu unterstellen. Passt diese schließlich gut ins Bild des mystischen Wesens der ehemals heiligen Tiere. In vielerlei Hinsicht funktioniert die Wahrnehmung der Katze tatsächlich besser als die des Menschen. Dass Katzen Geister sehen, scheint zwar höchst unwahrscheinlich, aber ihr Gehör kann Geräusche wahrnehmen, die

Katzen beobachten ist ebenso spannend wie lehrreich. Wer genau hinsieht, lernt schnell, was die Miez will. Hier (Fotos von links nach rechts) zeigt das Katzenbaby Interesse, bettelt um Futter oder Aufmerksamkeit und konzentriert sich auf die Fellpflege.

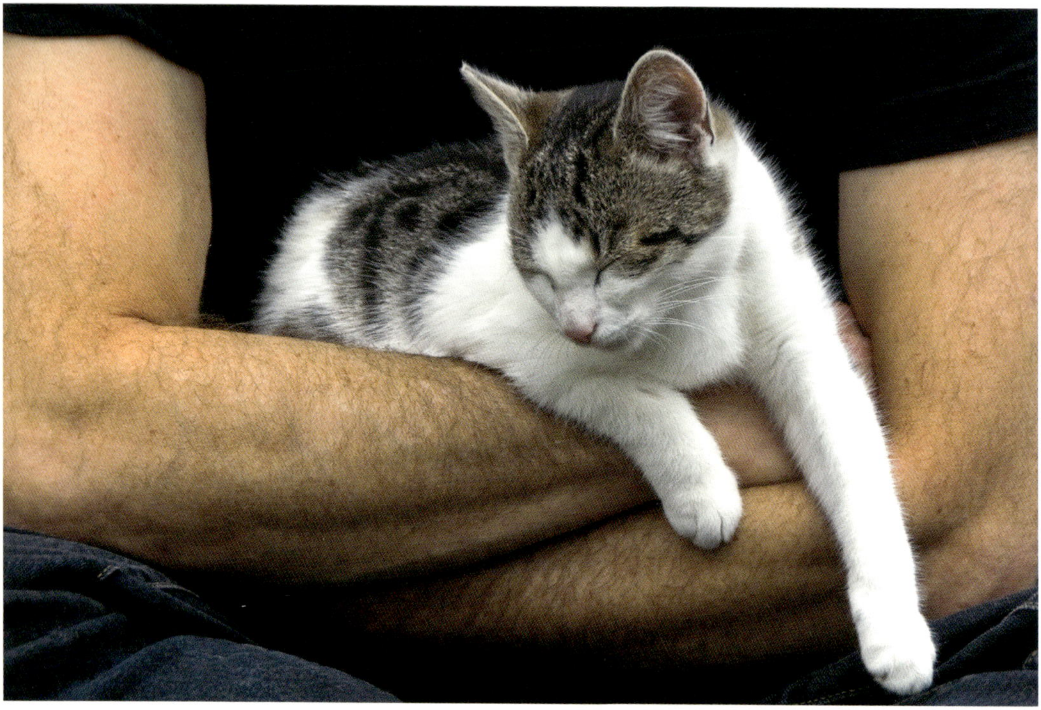

Beschütze mich! Der Mensch ist für die Stubentiger Muttterersatz. Er umsorgt, füttert und beschäftigt sie.

außerhalb der uns hörbaren Frequenz liegen. Vielleicht schreckt die Katze hoch, weil sie die Rufe eines Tieres hört oder eine leichte Vibration des Bodens durch einen fahrenden Lastwagen wahrnimmt. Auf solcherart Veränderungen reagieren Katzen so sensibel, dass sie sogar nahende Erdbeben bemerken und bereits panisch fliehen, bevor der Mensch von den Naturgewalten auch nur etwas ahnt.

Warum beginnt meine Katze beim Genießen der Streicheleinheiten plötzlich zu kratzen?

Wahrscheinlich hat sie genug vom Streicheln. Was für Menschen oft überraschend und ein Beweis für das sprunghafte Wesen der Samtpfoten, ist für die Katze absolut normal. Vermutlich hat sie nach dem Genuss der Streicheleinheiten ihrer Meinung nach deutlich gezeigt, dass es ihr nun reicht und sie ihre Ruhe haben will. Nur wir Menschen sind manchmal nicht feinfühlig genug, die für Katzen offensichtlichen Zeichen zu erkennen. Den Tieren genügt schon ein kleines Bewegen der Schwanzspitze oder ein Muskelzucken am Rücken, um Nervosität zu zeigen und bei Artgenossen zu erkennen. Dass Menschen immer gleich einen Wink mit dem sprichwörtlichen Zaunpfahl brauchen, scheint ihnen unbegreiflich. Also beim Streicheln ganz genau hingucken und bei den kleinsten Anzeichen auf Nervosität aufhören.

Kann meine Katze Gedanken lesen?

Kaum denkt man daran, die Katze zu füttern,

kommt sie freudig angelaufen. Sie beginnt vor dem Gang zur Arbeit schon zu maunzen, bevor überhaupt die Jacke angezogen ist. Können unsere Kuschelpanter etwa Gedanken lesen? Viele Halter würde das wohl wenig überraschen. Die Tiere sind gute Beobachter und lernen schnell, welche Tätigkeit einem Ereignis vorausgeht. Vielleicht haben Sie kurz vor dem Miauen Ihren Wohnungsschlüssel gesucht. Für die Katze ein sicheres Zeichen, dass Sie das Haus verlassen. Oder Sie haben in der Küche gestanden und nachdenklich den Schrank angeguckt. Falls das häufiger vor dem Füttern vorkommt, erfasst die Katze schnell, dass das die Fütterung einläutet.

Können Katzen Türen öffnen?

Trotz oder gerade wegen ihrer fehlenden Hände zeigen Katzen sich sehr einfallsreich im Erforschen ihrer Umgebung. Sie erfinden immer neue Methoden, um Unerreichbares zu erreichen und Verschlossenes zu öffnen. Vor allem Jungtiere probieren allerhand aus, wenn sie sich langweilen. Manche lernen, durch gezieltes Springen Klinken herunterzudrücken, Schranktüren mit der Pfote aufzuhebeln und den Deckel der Mülltonne zu öffnen. Wer solch ein agiles Exemplar besitzt, kann die Türklinken senkrecht, um 90 Grad gedreht anbringen oder durch drehbare Türknäufe ersetzen.

Warum wedelt die Katze mit dem Schwanz?

Zuckt die Katze mit dem Schwanz, zeigt das ihre Erregung. Sie ist hin und her gerissen, weiß nicht, ob sie der Fliege hinterherjagen oder dem Klang des Futternapfes folgen soll. Lieber weiter die Streicheleinheiten genießen oder dem verlockenden Duft aus dem Ofen nachgehen? Vielleicht hat sie ein beunruhigendes Geräusch aufgeregt. Bei einer Katze mit zuckendem Schwanz ist Vorsicht geboten, da niemand weiß, was sie als nächstes unternimmt. Auch nicht sie selbst.

Der Schwanz ist Balance-Hilfe und Stimmungsbarometer. Zuckt er nervös, ist die Katze erregt.

Können Katzen fernsehen?

Früher hat sich kaum eine Miez für den schwarzen Kasten im Wohnzimmer interessiert, es sei denn für dessen Tauglichkeit als warme Liegefläche. In den letzten Jahren ist die Zahl der Katzenhalter gestiegen, die davon berichten, wie ihre Tiere an der Flimmerkiste aufgeregt Naturdokumentationen und Zeichentrickfilme beobachten. Teilweise jagen sie sogar Vögel, die über die Mattscheibe fliegen. Grund dafür ist die Technik, die hinter den neuen TV-Geräten steckt. Während Katzen auf alten Röhrenfernsehern nur ein Flimmern wahrgenommen haben, können sie auf den aktuellen Flachbildschirmen die bewegten Bilder störungsfrei wahrnehmen.

Was machst du denn da? Katzen sind neugierig. Wenn sie nicht gerade schlafen oder jagen, kontrollieren sie ihr Revier.

Was Katzen so treiben – Der Tagesablauf der Samtpfoten

In freier Natur hat die Katze einen abwechslungsreichen Tagesablauf. Idealerweise können auch Wohnungskatzen allen Tätigkeiten ihrer wilden Verwandten nachgehen, damit sie sich drinnen pudelwohl fühlen.

Schlafen

Katzen verbringen den Großteil des Tages mit Schlafen und Faulenzen. Bevorzugt an einem erhöhten Platz, an dem ihnen keine Gefahr droht. So erholen sie sich von der anstrengenden Jagd und sammeln neue Kraft. Herumliegen ist bei Katzen aber nicht immer gleichbedeutend mit Schlafen. Häufig bekommt das ruhende Tier alles mit, was um es herum passiert. Das zeigt die Bewegung der Ohren, sobald ein Geräusch zu hören ist. Schläft die Katze allerdings fest und reagiert nicht beim Ansprechen, will sie nicht gestört werden.

Kratzen

Auf das Schlafen folgt das genüssliche Strecken des Körpers. Am liebsten in Verbindung mit dem Schärfen der Krallen. Deshalb sollte auch die Wohnungskatze in der Nähe der Schlafstätte eine Kratzgelegenheit haben. Das Kratzen erfüllt außerdem eine kommunikative Funktion. Der so abgesonderte Geruch und die optischen Markierungen zeigen anderen Katzen sofort: »Ich war hier.« Da unsere Sofatiger das Minirevier Wohnung ebenso markieren, bietet sich die Bereitstellung von mehreren Kratzmöglichkeiten in verschiedenen Räumen an. Ideal für kleine Wohnungen sind Kratzbretter, die Platz sparend an der Wand befestigt werden.

Kontrollgang

Die territoriale Katze will alles mitbekommen, was in ihrem Revier vor sich geht. Wer sich darin bewegt, wo Beute zu finden ist und eventuelle Feinde lauern. Das gilt auch für die sichere Wohnung, in der die vierbeinigen Ordnungshüter ihre Kontrollrunden drehen. Ist eine sonst offene Tür bei der täglichen Inspektion verschlossen, folgt Irritation oder gar Frust. Natürlich müssen die Tiere manchmal zum eigenen Schutz, etwa bei Lackierarbeiten mit giftigen Dämpfen, ausgeschlossen werden. Im Normalfall sollten aber alle Räume, in denen die Katze sich aufhalten darf, immer zugänglich sein. Ebenso wie alles andere, was einmal erlaubt war, immer erlaubt sein sollte. Katzen mögen Beständigkeit. Die hilft ihnen, sich im Alltag zurechtzufinden. So könnten Rituale eine Erfindung der Kuschellöwen sein. Gibt es Futter, Streicheleinheiten und Spiele immer zur selben Zeit, schafft das Sicherheit. Aber Vorsicht: Ist ein Ritual einmal eingeführt, achten Katzen pingelig auf dessen Einhaltung und fordern diese notfalls lautstark ein.

Krallen dienen dem Klettern, Jagen, Verteidigen und dem Verteilen von Botschaften.

Beobachten

Zur Kontrolle des Reviers gehört ebenfalls das Klettern auf Bäume und Mauervorsprünge, die einen hervorragenden Beobachtungsposten abgeben. Auch die Wohnungskatze sollte eine Möglichkeit zum Klettern und Beobachten bekommen. Wer keinen großen Kratzbaum besitzt, bespannt alternativ eine Wand mit Sisal oder Teppich. Ein dickes, von der Decke hängendes Seil begeistert vor allem junge, agile Klettermaxe. Schränke und Regale eignen sich prima als Hochsitz.

Duftbotschaften

Um unnötige Streitereien zu vermeiden, verteilen Katzen auf ihren Streifzügen Botschaften. Sie teilen ihren Artgenossen durch das Spritzen von Harn mit, wann sie wo waren. Eine andere Katze kann so Erschnuppern, wie viele andere Tiere durch die Umgebung streifen und wie lange deren letzter Besuch her ist. Das vereinfacht es, einander aus dem Weg zu gehen und Konflikte zu vermeiden. Zum Glück hinterlassen Katzen in der Wohnung normalerweise keine solch übel riechende Hinterlassenschaften, sofern sie kastriert sind. Kommt das Harnmarkieren dennoch vor, muss das Tier zum Arzt. Entweder liegt eine Erkrankung vor oder etwas stimmt nicht im Vierwände-Revier (siehe Kapitel »Wenn der Haussegen schief hängt«). Katzen besitzen darüber hinaus dezentere Möglichkeiten, ihren Duft zu verteilen. Zum Beispiel mit Drüsen am Kopf. Damit verteilen sie durch Reiben an Gegenständen ihren Geruch. Der kennzeichnet ihr Eigentum, beruhigt die Katzen und ist für Menschen nicht wahrnehmbar. Wo sich ihr persönlicher Duft befindet, fühlen die Tiere sich heimisch. Deshalb werden diese Duftstoffe, so genannte Pheromone, auch Präparaten beigemischt, die beim Tierarzt gegen Angst und Aggressionen erhältlich sind.

Nicht nur, wenn es juckt, schuppern Katzen sich an Gegenständen. So markieren sie auch das Heim mit ihrem Duft.

Jagen

Bevor gefressen wird, wird gejagt. Zumindest in freier Wildbahn. Die Katze entdeckt die Beute, pirscht sich unauffällig heran und beobachtet sie, bis sie sie schließlich mit einem Sprung erlegt. Das Jagdverhalten lernen Katzen bereits als Babys im Spiel mit ihren Geschwistern und durch Abgucken von ihrer Mutter, die ihnen Beute zum Üben vorsetzt. Nach und nach perfektionieren die Kätzchen ihre Jagdtechnik, um als Erwachsene zu überleben. Auch diejenigen, die von Menschen Futter vorgesetzt bekommen, leben den Jagdtrieb im Spiel aus. Hier wird der Ball oder Papierschnipsel zur Maus (siehe Kapitel »Action macht glücklich«).

Fressen

War die Jagd erfolgreich, geht es ans Verzehren der Beute. Die ist in der Regel recht klein, so dass auch Stubentiger eher mehrere kleine Portionen als einen ganzen Berg Futter auf einmal auffressen. Idealerweise haben auch sie vor dem Füttern eine

Runde körperliche Ertüchtigung hinter sich, damit beim Fressen die Verdauung in Schwung ist. In der Natur verzehren Katzen ihre Beute an einem stillen Platz, wo sie ihnen niemand streitig macht. Also gilt auch am heimischen Futterplatz: Ruhe bewahren und nicht mitten in der Partygesellschaft füttern.

Geschäft verrichten

Abgesehen vom Harnmarkieren vergraben auch wilde Katzen Urin und Kot nach Verrichten ihres Geschäfts, damit der Geruch sich nicht ausbreitet. Zumindest die sozial untergeordneten Tiere. Das gilt in den meisten Fällen ebenso für unsere Hauskatzen, die ihren Menschen als Boss ansehen. Deshalb sollte die Katzentoilette tief genug sein, damit viel Streu zum Verscharren hineinpasst. Dominante Katzen hingegen lassen ihren Kot für jeden sicht- und riechbar auf der Erde beziehungsweise Einstreu liegen. Landen die Hinterlassenschaften gar nicht erst im Katzenklo, sondern auf dem Fußboden, stimmt etwas nicht und der Besuch beim Tierarzt wird fällig.

Sozialverhalten

Katzen haben ein ausgeprägtes Sozialverhalten (siehe Kapitel »Soziale Samtpfoten«). Das Verteidigen des Reviers gegen Konkurrenten und Feinde zeigen auch Wohnungskatzen, wenn etwa der Nachbarshund zu Besuch ist. Bei befreundeten Artgenossen und Menschen benutzt die Samtpfote eine Vielzahl an Gesten, um ihre Zuneigung zu bekunden, Besitzansprüche zu regeln und ihr Bedürfnis nach Ruhe zu verdeutlichen. Kommt die Katze mit hoch erhobenem Schwanz auf Sie zu, ist das ein freudiger Willkommensgruß, den sie erwidert sehen möchte. Stößt sie mit dem Kopf nach Ihnen oder frisst gar Ihre Haare, um sich danach zu putzen, ist das keine Rempelei. Es handelt sich um ein Zeichen inniger Zusammengehörigkeit, um mit dem Austausch der Körpergerüche das Ge-

Der Alltag der Katzen: Beobachten gehört ebenso zum Job der Stubentiger wie Jagdspiele. Damit die Krallen beim Klettern perfekten Halt geben, werden sie täglich an Gegenständen geschärft.

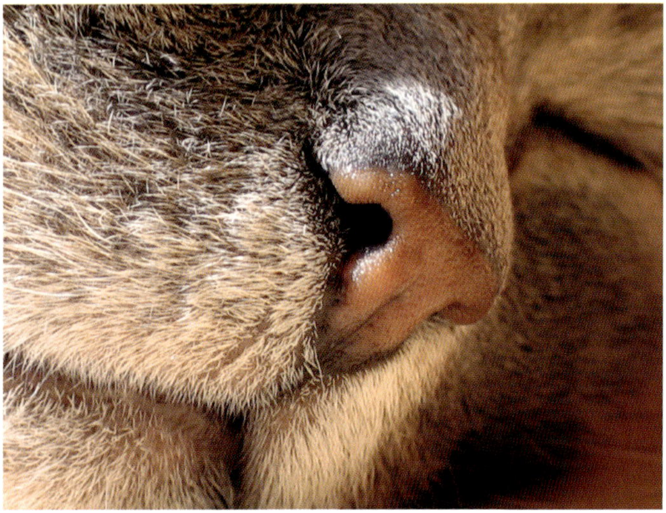
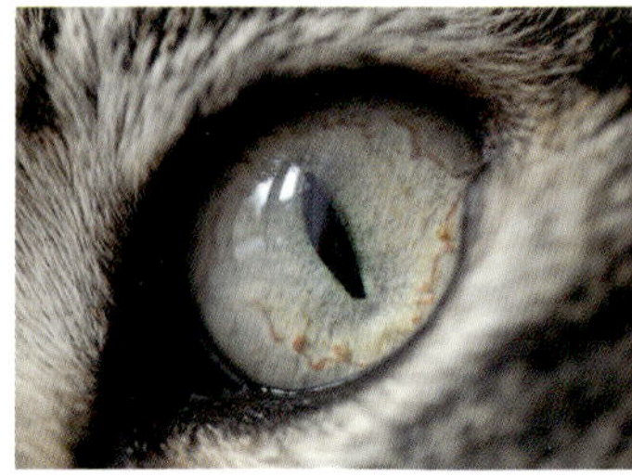
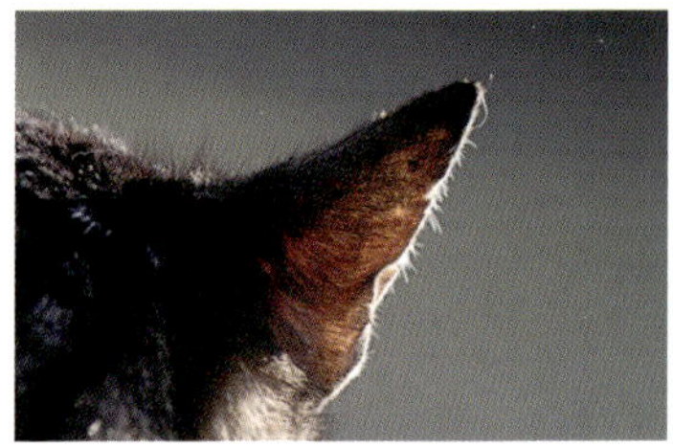

Mit allen Sinnen: Mit ihrer guten Nase, lichtempfindlichen Augen und einem Top-Gehör sind Katzen perfekt auf Dunkelheit eingestellt.

meinschaftsgefühl zu stärken. Liegt die Katze bevorzugt auf den Lieblingsplätzen der Menschen, möchte sie vielleicht ebenso deren Geruch annehmen. Eventuell will sie so auch kleine Machtspiele über die Vorherrschaft im Revier ausfechten. Daher ist es durchaus legitim, sich nicht von der Katze vertreiben zu lassen und seinen Lieblingssessel auch dann in Anspruch zu nehmen und die Katze des Platzes zu verweisen, wenn sie es sich darauf bequem gemacht hat. Unter Katzen sind kleine Reibereien normal, wenn nicht eindeutig geklärt ist, wer wann das Sagen hat. Das müssen die Tiere unter sich ausmachen. Selbst dann, wenn der Streit in Menschenaugen ungerecht wirken mag.

Sinneswelt

Katzenaugen sind nicht ohne Grund Namensgeber für die Reflektoren an Fahrrädern und Schulranzen. Durch eine Art Restlichtverstärker sind sie perfekt an die Dunkelheit angepasst. Damit können die nächtlichen Jäger selbst im trüben Mondlicht Beutetiere erkennen. Auch unsere Sofatiger sind oft nachtaktiv, wenn sie tagsüber im Haus nichts auf Trab hält und vom Schlafen abbringt. Das kann schnell zu Uneinigkeit über Sinn und Zweck der Nachtruhe zwischen Mensch und Katz führen. Zum Glück sind Katzen anpassungsfähig, so dass sie sich mit sportlicher Ertüchtigung am Abend zur nächtlichen Ruhepause überreden lassen. Die Nase der Katze ist so leistungsstark, dass sie ihnen mitteilt, wo eine andere Katze vorher gewesen ist. Ihr Gehör ist dermaßen gut ausgeprägt, dass es sogar Mäuse aufspürt. Für die feinsinnigen Tiere müssen Menschen wie krakeelende Grobmotoriker wirken. Ob laute Musik, angeregte Diskussionen oder Actionfilm mit Surround-Anlage: Unsere Erholung bedeutet für sie oft schlichtweg Lärm. Was Menschen als wunderbar duftend empfinden, stinkt für Katzen zum Himmel. Deshalb sollten sie nicht mit Raumspray und Parfumnebel belästigt werden und für die Geburtstagsparty einen ruhigen Rückzugsort haben.

Die will doch nur spielen – Action macht glücklich

Katzen lieben Spiele. Die durchbrechen die Langeweile des Alltagstrotts in vier Wänden, halten fit und gesund und befriedigen den Jagdtrieb.

Ein Leben lang verspielt

Dass Katzen eigensinnig sind und regelmäßig ihre Ruhe brauchen, weiß jedes Kind. Zuviel Ruhe tut Stubentigern aber auch nicht gut. Denn die wird schnell zur Langeweile, wenn keine aufregenden Abenteuer vor der Haustür warten. Langeweile macht faul, dick und gereizt. Dagegen hilft nur eins: Täglicher Katzensport in Form von Spielen. Die Tiere können sich auch zeitweilig ohne menschliche Hilfe beschäftigen. Doch je älter und träger sie werden, desto mehr Ermunterung benötigen sie, um sich aufzuraffen. Außerdem wirkt jedes Spiel doppelt so spannend, wenn es gemeinsam gespielt wird. Das stärkt zudem die Bindung zwischen Mensch und Tier. Katzenbabys entdecken durch Spiele ihre Welt. Wildes Toben mit den Geschwistern schult ihre Motorik. Sie lernen bei spielerischen Kämpfen und dem Jagen des Schwanzes der Mutter ihre Kräfte kennen und erste Techniken des Beutefangs. Auch wenn Körper und Bewegungsmuster fertig entwickelt sind, endet der Spieltrieb nicht. Katzen sind bis ins hohe Alter verspielt, absolvieren Beutespiele, die die Jagd simulieren ebenso wie Fang- und Raufspiele mit Menschen und Artgenossen. Besonders die Beutespiele sind für den arbeitslosen Stubentiger wichtig, um trotz fehlendem Mäusefang den Jagdtrieb auszuleben. Hat er dazu keine Möglichkeit, bekommen nicht selten Mensch und Artgenossen den Übermut in Form von Attacken und schlechter Laune zu spüren.

Balsam für Körper und Seele

Bewegung hält fit. Wer ständig nur herumliegt, wird träge, unbeweglich und kommt schnell aus der Puste. Aktive Katzen trainieren ihre Muskeln, sind schlanker und ausgeglichener. Bewegt die Katze sich ausreichend, fühlt nicht nur sie sich besser. Auch der Katzenhalter hat weniger Mühe mit einem Tier, das sich regelmäßig austobt. Störungen der Nachtruhe nehmen ebenso ab, wenn die Katze sich tagsüber viel bewegt wie ärgerliche Scherereien. Denn ein Tier, das nach der Sportstunde müde ist, hat weniger Muße, sich Streiche wie das Ausräumen des Kleiderschranks auszudenken. Wenn Samtpfoten die Post nach ihrem Gusto neu sortieren, Gardinen zerfetzen und den Papierkorb leeren, geschieht das meist aus Langeweile. Spiele entspannen überdrehte Katzen ebenso wie feline Angsthasen. Letztere vergessen beim Herumtollen so manche Hemmung und erhalten mehr Selbstvertrauen durch den spielerischen Jagderfolg. Leben zwei Katze im selben Haushalt, die sich nicht geheuer sind, raufen sie sich schneller zusammen, wenn sie durch gemeinsames Spiel aneinander herangeführt werden.

Faulpelze aktivieren

Manch ein fauler Stubehocker lässt sich nur schwer zum Spielen überreden. Da wedelt und fuchtelt der Mensch mit einer Spielmaus herum, preist sie in den höchsten Tönen an, vollbringt gar wahre Kunststücke und die einzige Reaktion ist der genervte Blick der Katze, die sich angewidert wegdreht. Auch hier heißt es mal wieder für den engagierten Katzenfan: tief durchatmen und nicht aufgeben. Zunächst muss mit detektivischem Spürsinn das Spiel gefunden werden, das den Faulpelz am meisten interessiert, wenn es auch nur ein kurzzeitiges Spitzen der Ohren verursacht. Schnüre über den Boden ziehen, Flummis hüpfen lassen, einen Ball unter dem Teppich verstecken: Zeigt die Katze bei einer Aktion einen Hauch von Interesse, liegen Sie richtig. Interagiert die Katze noch so zaghaft und

Eine Katzenangel eignet sich perfekt für die spielerische Jagd.

streckt etwa die Pfote leicht nach vorne, loben Sie das Tier. Das animiert zum Weitermachen. Schwindet das Interesse, verschwindet das Spielzeug wieder im Schrank. Wird der Faulpelz ständig durch Lob ermutigt, entdeckt er vielleicht seine Freude am Spielen wieder und zeigt sich jedes Mal etwas weniger zurückhaltend. Die Tiere können durch Zurufen angespornt, sollten aber nie mit Spielzeug bedrängt werden. Wird ein Schnürsenkel vor der Katze wie eine fliehende Maus weggezogen, weckt das eher den Jagdtrieb als ein Gegenstand, der der Katze auf die Pelle rückt.

Allerlei Leibesübungen – Spannende Spiele für Stubentiger

Warum sollte es beim Spielen anders sein als bei der Wahl des Lieblingsplatzes oder der bevorzugten Futtersorte: Auch hier zeigen sich Katzen eigensinnig mit variierenden Vorlieben.

Das Zeug zum Spielen

Die Auswahl an Spielzeugen im Fachhandel ist gigantisch. Nahezu alle Farben, Formen und Preisklassen sind hier vertreten. Katzenkenner lernen durch die Reaktionen ihres Lieblings schnell, dass das Teuerste nicht immer das Beste sein muss. Kreative Katzenfans müssen überhaupt kein Spielzeug kaufen, sondern können allerhand Dinge einfach dazu umfunktionieren: Haselnüsse mit Schale ebenso wie Luftschlagen und zu einem Ball zusammengeknülltes Papier. Auch ausgediente Schnürsenkel wecken manchmal mehr Interesse als so manches teure Spielzeug. Dennoch machte es Spaß, seinem Schützling etwas von der Shopping-Tour mitzubringen. Vor allem dann, wenn man mit der Auswahl genau den Geschmack seiner Katze getroffen hat: Klein oder groß, glatt oder mit Fell, knisternd oder geräuschlos. Unbedingt beim Spielzeugkauf auf spitze und verschluckbare Teile achten und diese notfalls entfernen. Nicht alle Hersteller haben verstanden, dass Nadeln und spitze Plastikteile in Form von Augen nicht auf Spielmäuse gehören. Die können bei ausgelassenem Toben und herzhaftem Zubeißen zur tödlichen Gefahr werden. Ebenso sollten Spielangeln und andere Gegenstände mit langen Schnüren nicht unbeaufsichtigt zur Verfügung gestellt werden, damit die Tiere sich nicht strangulieren.

Leichtathletik

Rollt oder fliegt ein Gegenstand durch den Flur, ist vor allem bei Jungkatzen die Begeisterung sicher. Auch viele ältere Katzen mögen es, hinter Dingen her zu rennen und zu springen. Was allerdings am liebsten auf diese Art gejagt wird, ist individuell verschieden. Zeigt das Tier kein Interesse an der Fellmaus oder dem Ball, lohnt es sich vielleicht, zur Abwechslung Korken, Papierschnipsel, klackernde Walnüsse mit Schale oder einen selbst gebastelten Papierflieger ins Rennen zu schicken.

Waidmanns Heil

Nicht alle Katzen mögen Ausdauersport. Aber fast alle lieben es, auf die Jagd zu gehen und das Fan-

gen von Beute zu imitieren. Ein Spiel bekommt so einen zusätzlichen Kick, wenn das Tier sich vor den Angriffen auf die Lauer legen kann, um die Spielbeute zu beobachten und den richtigen Moment abzupassen. Das funktioniert am besten, wenn die Beute unvorhergesehene Bewegungen vollführt, zwischendurch regungslos liegen bleibt und sich schließlich wieder in Bewegung setzt. Verschwindet das Objekt der Begierde plötzlich unter einer Decke oder hinter dem Vorhang, kann kaum ein Stubentiger widerstehen.
Für diese Art von Spiel eignet sich ein langer Schnürsenkel, eine Luftschlange oder ein Wollfaden, den man hinter sich herzieht. Ein an das Ende geknoteter Papierschnipsel weckt durch die entstehende Beute noch mehr Interesse, wenn das Spielzeug unter dem Teppich verschwindet. Auch der Staubwedel und spezielle Spielangeln aus dem Fachhandel sind beliebte Beute. Wer für sein vierbeiniges Energiebündel zusätzlichen Schwung ins Spiel bringen will, kann die Angel wie einen fliegenden Vogel durch die Luft wirbeln, damit das Tier danach springt.

Knisternde Papiertüten animieren zum Spielen.

Aus die Maus

Lässt das Interesse der Katze nach, neigt sich die Spielrunde dem Ende entgegen. Vor einer gelangweilten Katze herumzuturnen, bringt nichts. Als krönenden Abschluss sollte das Tier die gejagte Beute zu fassen bekommen. Hat sie daran herumgekaut und gekratzt, wird das Spielzeug weggeräumt, damit es dauerhaft interessant bleibt.

Zauberstab für Angsthasen

Manche Tiere haben so viel Angst vor Menschen, dass deren Anblick sie erstarren lässt. Um einer scheuen Katze den Schrecken zu nehmen, eignet sich am besten ein Federwedel. Der kurze Stab, an dem Federn befestigt sind, weckt die Neugier der Katze und lässt sie die sonst Furcht einflößende Hand vergessen, die am Stabende steckt. Hat das Tier sich aus Angst unter dem Sofa verkrochen, ziehen Sie die Feder in der Nähe der Katze behutsam über den Boden. Wenn die vorsichtig mit der Pfote danach hascht, können Sie das Spielzeug Stück für Stück von der Katze wegziehen, so dass das Tier beim Spielen auf Sie zugeht. Für das spielerische Anti-Angsttraining eignen sich ebenso Pfauenfedern.

Achterbahn auf Katzenart

Einigen Tieren kann es beim Toben gar nicht wild genug zugehen. Sie lieben es, sich in einem Karton durch den Flur ziehen zu lassen, während sie übermütig die Pappe zerlegen. Auch eine Fahrt auf dem Bettvorleger, der gerade über den Fußboden gezogen wird, bereitet vor allem Jungkatzen Vergnügen.

Faulpelze animiert man mit Futter zum Katzensport.

Junge Katzen testen nahezu alles auf dessen Spieltauglichkeit.

Berauschende Katzenminze

Eine träge Katze lässt sich vielleicht mit dem Duft der Katzenminze animieren. Während das so genannte Catnip manch ein Tier völlig kalt lässt, versetzt es andere Katzen in einen Rauschzustand. Der ist völlig harmlos und verfliegt rasch wieder. Oft reiben sich die Tiere übermütig an nach Katzenminze riechenden Gegenständen, beginnen zu spielen und vergessen kurzzeitig alles andere. Das Wundermittel ist in viele Katzenspielzeuge eingearbeitet und kann alternativ als Spray oder getrocknet gekauft werden, um den Kratzbaum und Spielzeuge zu parfümieren.

Spielend Füttern

Nicht nur übergewichtige Katzen interessieren sich häufig stärker für Futter als für Sport. Wer beides kombiniert, bringt selbst träge Tiere in Schwung.

Spiele für müde Moppel: Futterfangen

Ist der Trockenfutternapf im Schrank verschwunden, wird die Miez sich die Nahrung gezwungenermaßen erarbeiten, wenn sie nicht auf die leckeren Bröckchen verzichten möchte. Das kann sogar Spaß machen, wenn die tägliche Ration stückweise geworfen und über den Boden gerollt wird. Trottet die Katze anfangs nur träge hinterher: Keine Sorge. Irgendwann wird sie sich bestimmt an das fliegende Futter gewöhnen und mehr Begeisterung zeigen.

Spürnasen gesucht

Liegen die Futterbrocken in einem Karton voll raschelndem Papier, kann das Suchspiel losgehen. Auch das Verteilen in der Wohnung oder ein so genanntes Fummelbrett bietet Stubentigern einen Hauch von Erlebnisgastronomie (siehe Seite 74, 75).

Frisch erlegt

Fliegt ein Fleischbrocken wie ein Vogel durch die Luft, wird das Füttern zum Highlight des Tages. Hierzu eignet sich ein Stück gekochtes Geflügel, das wie bei einer Angel mit einem Band an einen Stock gebunden wird. Nun lassen Sie es durch die Luft sausen und sehen zu, wie die Katze nach der leckeren Beute springt. Hat sie die erlegt, können Sie vielleicht sogar beobachten, wie sie mit Nackenbiss, Fauchen und Schütteln des Fleisches die Vogeljagd imitiert.

Bevor es mit Leine und Geschirr vor die Tür geht, muss die Katze sich erst an die neuen Gegenstände gewöhnen.

Ab nach draußen

Wer keinen Freigang bieten kann, möchte seinem Tier vielleicht mit Geschirr und Leine spannende Spaziergänge ermöglichen. Dieses Vorhaben sollte gut geplant sein. Hat das Tier einmal den Duft der Freiheit geschnuppert, gibt es meist kein Zurück mehr. Kommt die Miez einmal vor die Tür, sitzt sie an den folgenden Tagen wahrscheinlich unentwegt maunzend davor. Wer also einmal Gassi geht, muss das Frischluftabenteuer zur Gewohnheit machen. Sonst leidet die Katze, wenn sie entdeckt hat, wie spannend die Welt draußen ist, aber diese nur sporadisch erkunden darf. Idealerweise wird der Spaziergang zum täglichen Ritual, das immer zur selben Zeit stattfindet. So lernt die Katze, dass das Maunzen vor der Tür zu bestimmten Tageszeiten nichts nützt, sie aber trotzdem auf ihre Kosten kommt.

Am besten finden die Ausflüge dann statt, wenn auf dem Gehweg wenig Betrieb herrscht. Die Leine sollte lang genug sein, damit das Tier bei Angst vor nahenden Hunden auf eine Fensterbank oder an einen Baumstamm springen kann. Das Geschirr muss perfekt sitzen, damit die gelenkige Katze sich nicht herauswinden, aber frei bewegen kann. Hat sich der Stubentiger einmal daraus befreit, findet er womöglich nicht zurück nach Hause. Zeigt die Katze Angst vor dem seltsamen Gegenstand, sollte der erstmal ausreichend beschnuppert werden können. Dann wird die Miez langsam herangeführt, indem das Geschirr in einer entspannten Situation wie beim Fressen locker auf den Katzenrücken gelegt wird. Erst wenn das Tier das gelassen hinnimmt, wird das Geschirr geschlossen.

Langeweile ade – Alleine beschäftigen

Katzen kennen irgendwann jeden Quadratzentimeter ihrer Wohnung. Warum also noch auf eigene Pfote etwas unternehmen? So warten sie meist schlafend auf die Rückkehr des Menschen, wenn sie allein zu Hause sind. Kommt der Mensch dann überarbeitet nach Hause, erwartet ihn nicht selten, ein unausgelastetes Energiebündel. Mit ein paar kleinen Anreizen lassen sich gelangweilte Stubentiger während Ihrer Abwesenheit beschäftigen.

Spielzeuge

Sind keine Menschen zum Mitspielen da, sollten der Katze dennoch einige Spielzeuge zur Verfügung stehen. Rafft sie sich nur schwer allein zum Spielen auf, kann ein Beduften mit Katzenminzespray nachhelfen. Steht das betörende Kraut aber ständig zur Verfügung, verliert es seinen Reiz. Deshalb die Catnip-Spielzeuge nur sporadisch anbieten, etwa wenn die Katze länger als sonst alleine bleiben muss. Im Fachhandel gibt es darüber hinaus spezielle Beschäftigungsspielzeuge, die die Katze zum Spielen allein animieren sollen, etwa auf Spiralen befestigte Stofftiere, die bei Berührung wippen und Röhren, durch die Bälle rollen, sobald die Katze sie anstößt.

Entdeckungsreise

Wer länger fortbleiben muss als üblich, kann seiner Katze vor dem Verlassen der Wohnung etwas Spannendes hinstellen, was sie zu einer Entdeckungstour animiert. Platzieren Sie beispielsweise einen mit raschelnden Papierfetzen gefüllten Karton im Sichtbereich der Katze. Oder eine knisternde Papiertüte mit abgetrennten Henkeln und einem Spielzeug darin. Auch ein geöffneter Reisekoffer und eine über einen Stuhl geworfene Decke animieren kleine Höhlenforscher zum Erkunden.

Suchen wird belohnt

Nicht nur Spürhunde finden Gefallen an Suchspielen. Das Aufspüren von Gegenständen unterbricht auch bei Katzen den tristen Alltag, fordert Köpfchen und Geruchssinn. Wer vor dem Verlassen der Wohnung Überraschungen für die Miez versteckt, sollte die beim Verteilen zugucken lassen. Oder die versteckten Schätze müssen für Katzennasen stark genug riechen, so dass das Tier weiß, dass es nun etwas zu Suchen gibt. Legen Sie das mit Katzenminze präparierte Lieblingsspielzeug unter den Teppich. Oder platzieren Sie es in einem umgedrehten Pappkarton mit einer kleinen Öffnung, aus dem die Katze es herausfischen kann. Ein Hit unter den Beschäftigungsspielen ist das Verteilen von Trockenfutter in der Wohnung. Allerdings sollten Sie sich die Verstecke gut merken und später nachsehen, ob alle Stückchen auch tatsächlich gefunden wurden und nicht in Ruhe vor sich hingammeln. Am besten funktioniert das Spiel, wenn die Brocken zunächst an den Lieblingsplätzen der Katze ausgelegt werden. Hat sie das Spiel einmal verstanden, wird der Schwierigkeitsgrad erhöht. Dann können die Happen auf Schränken, Fußleisten und unter dem Sofa versteckt werden.

Huch, das bewegt sich ja! Wenn die Mäuse so schön wippen, macht das Spielen auch alleine Spaß.

Mit köstlicher Katzenminze beduftete Spielzeuge (Foto oben links) regen zum Spielen an. Ein absoluter Hit für Stubentiger sind Gegenstände, die nach Natur riechen wie Laub (unten links) und Echtholz (rechts).

Natur für Stubenhocker

Wer drinnen lebt, findet alles interessant, was nach draußen riecht. Mitbringsel aus der Natur sind für Sofatiger eine willkommene Beschäftigung zum Untersuchen und Beschnüffeln. Wie wäre es mit einer Kiste voller Kaninchenheu aus dem Fachhandel? Raschelndes Laub und eingesammelte Kastanien eignen sich prima zum Hinterherjagen. Stöcke und Äste werden zur Beute, wenn sie mit der Spitze geräuschvoll über den Boden gezogen werden.

Geschicklichkeitstests für Katzen

Ist Ihre Katze intelligent? Dann ist sicher ein Fummelbrett die ideale Beschäftigung. Fummel was? Die Spielzeuge mit dem kuriosen Namen werden von einer riesigen Fangemeinde selbst gebastelt, die im Internet Anleitungen austauscht. Die Gebilde aus alten Verpackungen, zusammengeklebten Pappen und Bechern werden mit Leckereien präpariert, die die Katze herauspulen muss. Das kann je nach Schwierigkeitsgrad und Interesse über Stunden beschäftigen. Bis die Samtpfote verstanden hat, was sie mit diesen kreativen Ergüssen ihres Halters anfangen soll, darf der Schwierigkeitsgrad nicht zu hoch sein. Je größer die Öffnungen, desto einfacher lässt sich die Beute herausfischen. Ein

Spiel auf Zeit

Jeder kennt diese Tage, an denen die Zeitnot alles beherrscht. In solchen Ausnahmesituationen geht es manchmal so hektisch zu, dass sogar Essen und Schlafen zur Nebensache werden. Kaum vorstellbar, da trotz schlechtem Gewissen noch Zeit zum Spielen mit der Katze zu finden. Die Lösung: Kombinieren Sie das Katzenspiel mit den täglichen Handgriffen. Rüsten Sie sich vor dem Aufräumen, der Schreibtischarbeit oder Telefonaten mit einer Hand voll Trockenfutter aus und werfen Sie die Stücke, während Sie Ihrer Arbeit nachgehen. Oder binden Sie sich einen langen Faden an den Fußknöchel, während Sie die Hausarbeit verrichten. So kann die Katze trotz Zeitmangel die sich bewegende Kordel jagen. Auch das Agieren mit Staubwedel und Wischmob lässt sich je nach Temperament des Tieres zu einem spannenden Jagdspiel umfunktionieren.

Dass Katzen in menschlicher Obhut nicht nur zum Überleben jagen, beweist diese Tigerkatze. Obwohl die Maus schon tot ist, dient sie noch als Spielzeug, statt direkt verspeist zu werden.

simpler Klassiker sind gestapelte, leere Toilettenpapierrollen, die zusammengeklebt werden. Sind die Röhren mit stark riechendem Trockenfutter gefüllt, begreift die Katze schnell, dass und wie sie sich die Leckereien herausangeln soll. Dann können Sie schrittweise immer komplexere Gebilde bauen. So versorgt die Katze sich auch allein zu Hause mit Futter, ohne nur träge zum Napf zu trotten. Wer nicht gerne selber bastelt, kauft fertige Modelle aus Holz oder Plastik im Fachgeschäft.

Knigge für Katzen – Samtpfoten im Zaum halten

Katzen faszinieren durch ihren Eigensinn, ihre oft ganz eigene Sicht der Dinge und dadurch, dass sie im Zweifelsfall das machen, wonach ihnen gerade ist. Kann man solch autonome Wesen überhaupt erziehen? Ja, vorausgesetzt man erwartet keinen absoluten Gehorsam wie vom Hund. Tätigkeiten wie bei Fuß laufen halten Katzen für unnütz und werden sich demnach kaum dazu überreden lassen. Aber dass es ein paar Spielregeln im Haus gibt, die das Zusammenleben erleichtern, akzeptieren die Samtpfoten in der Regel schon.

Oh, wie toll

Wer eine Katze erziehen will, muss ein guter Verkäufer sein, selbst Lästiges als Hit anpreisen können. Katzen setzen gerne ihren Willen durch. Sie zu etwas zu ermutigen, bedeutet, ihnen etwas so schmackhaft zu machen, dass sie glauben, die Idee käme von ihnen. Gilt es etwas zu verbieten, muss ein Ersatz her, der der Katze noch attraktiver erscheint. Ist der Kratzbaum groß und bequem und steht noch etwas näher am Fenster als der von Krallen malträtierte Sessel, lässt die Katze vielleicht von dem geschundenen Möbelstück ab, weil der Kratzbaum ihr interessanter erscheint.

Die besten Voraussetzungen

Zwar lassen Katzen sich ungern den Willen anderer aufdrücken, sind aber durchaus lernwillig. Schließlich lernen sie schon als Jungtiere, wie man sich anpirscht, Beute erlegt und korrekt benimmt. Außerdem sind Stubentiger, die meist stark auf ihren Menschen fixiert sind, eher bereit dazu, ihm zu gefallen und dafür Kompromisse einzugehen. Beste Voraussetzung für ein friedliches Miteinander ist ein ausgeglichenes Tier. Wird es regelmäßig beschäftigt und durch Sport ausgelastet, sinkt das Interesse an Machtspielen und Schabernack.

Lob und Tadel

Kommt die Katze neu ins Haus, muss sie vorerst lernen, was erlaubt und verboten ist. Darüber sollte auch der Katzenbesitzer nachgedacht haben, damit er konsequent bleiben kann. Ist etwas einmal erlaubt oder verboten, sollten diese Regeln immer bestehen. Ausnahmen irritieren das Tier bloß. Es versteht nicht, warum es einmal auf dem Tisch schlafen darf, dann aber das Betreten tabu ist. Der Weg zum Erfolg führt über Lob, für das die meisten Samtpfoten sehr empfänglich sind. Tadel hingegen ignorieren viele einfach. Hat der kleine Wildfang erstmals das Bürsten ohne zu kratzen über sich ergehen lassen oder ordnungsgemäß den Kratzbaum statt der Tapete zum Krallenschärfen benutzt, folgt überschwängliches Lob. Lassen ihn die Jubelrufe kalt, wird das Lob mit einem Leckerbissen verstärkt. Bestimmt ist nun die Neugier der Katze geweckt und sie will herausfinden, was diese schöne Reaktion ausgelöst hat. War es das Maunzen, das Kratzen am Katzenbaum oder doch das anschließende Hinsetzen? Sie wird vieles ausprobieren, die Bewegungen der letzten Minuten wiederholen, um herauszufinden, worauf sich das Lob bezieht. Schließlich will sie noch mehr Beifall ernten.
Reservierte Gemüter lässt solch eine Lobhudelei manchmal kalt. Da bleibt nur eins: Der Griff in die Katzentrickkiste. Kaut die Katze am Schnürsenkel und reagiert nicht auf Beifall, wenn sie das Verhalten unterlässt, muss der bereits genannte, spannende Ersatz her. Wer ein Paar alte Stiefel mit noch interessanteren Schnürsenkeln, etwa aus Leder oder mit einem angeknoteten Papierschnipsel, daneben stellt, kann seine Büroschuhe retten, indem er das ungewünschte Verhalten auf ein besseres Ziel richtet. Eine nach Katzenminze duftende Tasche mit Spielzeugen überzeugt das Tier davon, dass das Ausräumen der daneben stehenden Handtasche nicht nur lästig, sondern auch uninteressant ist. Bei der Katzenerziehung zählt vor allem Geduld.

Eine schnelle Dressur? Fehlanzeige. Nur wer Lob und Tadel immer wieder im richtigen Moment einsetzt, wird belohnt. Liegt die Katze längst wieder im Körbchen, wenn Sie den Seidenschal zerfetzt vorfinden, ist es für Tadel zu spät. Wer nun schimpft, erntet allein einen verdutzten Blick von der Miez, die sich fragt, warum es so schlimm ist, im Körbchen zu liegen. Lautes Geschrei bleibt grundsätzlich ohne Erfolg. Im schlimmsten Fall bekommt die Katze Angst vor Ihnen. Ein einfaches »Nein« reicht aus. Die Bedeutung dieses Wortes lernen Katzen schnell, auch wenn sie die Verbote schon mal ignorieren. Wer glaubt, gleich wegen seiner Katze innerlich zu explodieren, sollte sich immer daran erinnern, dass sie sich nur ihrer Natur gemäß verhält. Eine Katze handelt niemals aus böser Absicht.

Heimliche Erzieher für Nervensägen

Zur Konsequenz in der Erziehung gehört auch, der Katze keine Gelegenheit für Unarten zu bieten. Bleibt das Tier unbeaufsichtigt mit dem Sonntagsbraten im Esszimmer, ist Diebstahl vorprogrammiert. Das ist ebenso schade um den Festschmaus wie kontraproduktiv. Selbst wenn die mit einem Stück Fleisch unter den Tisch flitzende Katze mit einem »Nein« gescholten wird, hat sie sich mit der Leckerei soeben selbst belohnt. So lernt sie, dass auf das Stibitzen etwas Positives in Form von Futter folgt. Auch das Betteln bei Tisch darf niemals belohnt werden, wenn die Katze nicht durch das einmalige Erfolgserlebnis zu immer wieder neuen Versuchen angespornt werden soll.

Eine Falle, in die fast jeder Katzenhalter tappt, ist das unbewusste Erziehen durch unbedarftes Ermutigen zu unerwünschtem Verhalten. Manch eine vierbeinige Nervensäge stellt bei Langeweile allerhand an, um beachtet zu werden. Und sei es nur mit bösen Blicken oder Monologen über die Schlechtigkeit ihres Verhaltens. Eine negative Reaktion scheint solchen gelangweilten Rabauken immer noch besser als gar keine Beachtung. Maunzt die Katze ständig, wenn Sie telefonieren oder zerfetzt stets dann die Zimmerpflanzen, wenn Sie gerade bei einem Film entspannen wollen? Dann ist das schnellste Mittel zur lang ersehnten Ruhe das Füttern oder Beachtung in anderer Form. Doch die um Aufmerksamkeit heischende Katze wird durch diese schnellen Ruhigsteller belohnt und lernt so, dass ihre Scherereien einen positiven Effekt haben. Also wird sie künftig noch mehr Unfug anstellen, um Ihre Blicke auf sich zu ziehen. Viel schwerer fällt es, die einzig funktionierende Methode anzuwenden: Der Katze nicht den gewünschten Erfolg zu verschaffen und ihre Scherereien ins Leere verlaufen lassen. Also das Tier gar nicht beachten, wenn es Sie auf die Palme bringen will. Leicht gesagt, schwer getan. Tun Sie so, als wäre nichts gewesen und sprechen Sie die Miez freundlich an, sobald es Ruhe gibt. Der Erfolg wird sich wohl erst nach einer Weile einstellen, weil die Katze sich zunächst an die für sie nun verkehrte Welt gewöhnen muss. Irgendwann begreift sie, dass alle Streiche erfolglos bleiben und wird Ruhe geben. Wer bemerkt, dass die Katze vorhat, etwas Unerlaubtes anzustellen, kann sie mit einem Spiel oder Streicheleinheiten ablenken, bevor sie den Papierkorb ausräumt oder die Yucca ausbuddelt. Hier ist das Timing besonders wichtig, damit die Katze das Spiel nicht als Belohnung interpretiert, wenn sie bereits mit dem Ärgern angefangen hat.

Weckruf mit Miau

Für die meisten ist es schlimm genug, wenn morgens der Wecker klingelt. Noch schlimmer wird es, wenn mitten in der Nacht die Katze Radau veranstaltet. Klägliches Geschrei, Toben unter dem Bett, Beschnüffeln von schlafenden Menschen: Der feline Einfallsreichtum kennt kaum Grenzen, wenn es darum geht, Menschen zu wecken. Sie testen die absurdesten Dinge, um genau das Verhalten zu finden, das den Menschen so sehr nervt, dass er aufsteht,

Miau, mir ist langweilig! Ständiges Maunzen kann Nerven kosten. Vor allem mitten in der Nacht.

Hunger! Wer diesem durchdringenden Blick nachgibt und Betteln bei Tisch belohnt, zieht sich eine Nervensäge heran.

die Katze füttert oder zur Beruhigung streichelt. In solchen Fällen erzieht die Katze eindeutig den Menschen. Und zwar oft sehr erfolgreich. Bekommt sie doch für ihr Gezeter jedes Mal eine Belohnung in Form von Futter oder Beschäftigung, damit sie Ruhe gibt. Für dieses weit verbreitete Problem gibt es nur eine Lösung: Die Katze gar nicht erst herausfinden lassen, welche Aktionen einen in den Wahnsinn treiben. Das kostet Nerven. Bei diesem Machtspiel gewinnt derjenige, der mehr Durchhaltevermögen zeigt. Und davon haben Katzen jede Menge. Egal, was der vierbeinige Störenfried auch veranstaltet, beachten Sie ihn nicht. Tun Sie so, als würden Sie weiterschlafen und wenden sich dem Tier erst dann zu, wenn es sich beruhigt hat. Wer das nicht schafft, der kann das Tier kommentarlos aus dem Schlafzimmer sperren. Die Folge wird wahrscheinlich ein unvorstellbarer Radau vor der Tür sein, der die halbe Nachbarschaft weckt. Aber auch das muss ignoriert werden, bis Ruhe herrscht. Sonst glaubt die Katze, Sie seien schwerhörig und sie müsste mehr Lärm machen, um das zu bekommen, was sie will. Stößt sie mit ihren Weckübungen auf taube Ohren, wird sie irgendwann aufgeben. Wenn Sie abends zusätzlich mit dem Tier spielen, bis es müde ist, fällt das Ausschlafen leichter.

Angsthasen

Der Besenstiel, der Schleudergang der Waschmaschine und der Staubsauger: Manch eine Katze entpuppt sich als Angsthase, dem allerhand Alltagsgegenstände Furcht einflößen. Ist es soweit, sollte der Mensch Ruhe bewahren, damit dessen Unsicherheit sich nicht zusätzlich auf das Tier überträgt. Reden Sie leise und monoton vor sich hin, während die Waschmaschine bedrohlich brummt, aber veranstalten nicht zuviel Aufhebens um die verschreckte Katze. Ansonsten lernt das Tier vielleicht, dass Angst erwünscht ist und mit Lob belohnt wird. Gegenstände wie Bügelbrett und Wischmopp erscheinen zudem harmloser, wenn sie zum Beschnüffeln auf dem Boden liegen. Wartet in dem Raum, in dem die gruseligen Gegenstände lagern, außerdem etwas Angenehmes, fällt das Herantasten leichter. Spielen Sie mit der Katze in der Nähe der vermeintlichen Gefahr, so dass sie die Bedrohung kurzzeitig vergisst

Schnell in Sicherheit! Flieht die Katze vor Besuch, Staubsauger und Besen, brauchen Katzenhalter Geduld.

und verlagern Sie den Spielort immer näher an Bügelbrett, Wischmopp und Konsorten. Zur Belohnung für mutiges Ignorieren gibt es eine Streicheleinheit oder ein Leckerli neben dem unheimlichen Ding.

Gewöhnungssache

Kommt ein Baby ins Haus, zeigen viele Tiere Angst vor dem schreienden Wesen. Die paart sich eventuell mit Eifersucht. An ein Baby wird die Katze auf ähnliche Art gewöhnt wie an Furcht einflößende Gegenstände. Finden die Spielstunden in der Nähe der Wickelkommode statt, wirkt das Kind nur noch halb so bedrohlich. Darf die Katze bei allen das Baby betreffenden Aktivitäten zugucken und stets dabei sein, mindert das die Eifersucht. Wichtig ist, dass das Tier in dieser aufregenden Zeit nicht zu kurz kommt und sich nicht allein gelassen fühlt. Zieht ein neuer Partner oder Mitbewohner ein, ist

Katzen erziehen im Überblick

- *Lob funktioniert besser als Tadel.*
- *»Fein gemacht« und »Nein«: Auf das perfekte Timing kommt es an.*
- *Dem Tier keine Gelegenheit etwa zum Klauen bieten.*
- *Geduld: Schon kleine Schritte in die richtige Richtung sind ein Erfolg, der belohnt werden muss.*
- *Spannende Alternativen zum unerwünschten Verhalten bieten.*
- *Eine ausgelastete Katze stellt weitaus weniger Unfug an.*
- *Wer das stete Miauen von Nervensägen kommentiert, verstärkt deren Verhalten nur.*

das für Katzen nicht immer leicht. Die vertrauensbildende Maßnahme Nummer Eins heißt: Ruhe bewahren. Wer in der Nähe der Katze stets leise vor sich hin redet und sie nicht bedrängt, wird langfristig belohnt. Dezente Angebote zu Streicheln und Spiel sind erlaubt. Aber schlussendlich entscheidet die Katze, wann sie zur Kontaktaufnahme bereit ist und unternimmt den ersten Schritt. Übernimmt der neue Mitbewohner in der Anfangszeit die Fütterung, sammelt er zusätzliche Sympathiepunkte.

Umzüge sind Katzen verhasst. Trotzdem lässt es sich nicht immer vermeiden, der Miez ein neues Zuhause zuzumuten. In dem Moment bricht für das Tier erstmal eine Welt zusammen. Ein einschneidender Schritt, der das territoriale Tier stark ängstigt. Deshalb sollte der Stress so fern wie möglich von der Katze gehalten werden. Steht ein Umzug an, ist die neue Wohnung im Idealfall bereits fertig renoviert, wenn das eingeschüchterte Tier eintrifft. Hammer und Bohrer schaffen nur zusätzliche Panik. Wer in der alten Wohnung zuerst einen Raum komplett leer räumt, kann die Katze dort während des großen Ereignisses einsperren, damit sie weniger vom Verladen der Kisten und Möbel mitbekommt. Dieses Zimmer sollte während der turbulenten Stunden mit Futter, Wasser, Schmusedecke und Katzenklo ausgerüstet sein und allein der Katze gehören, die nicht durch hin- und herlaufende Möbelpacker gestört wird. Der Transportkorb steht schon geöffnet im Raum bereit. Wahrscheinlich verkriecht die Katze sich dort hinein, so dass Sie später nur noch die Tür der Box schließen müssen. Ist alles abtransportiert, finden in der neuen Wohnung die Habseligkeiten der Katze ihren Platz. Nun kann auch das Tier umziehen und das neue Zuhause erkunden. Scheue Exemplare warten, bis nachts alles ruhig ist, um das Terrain zu erkunden. Ist die Katze mutig, zeigen Sie ihr Katzenklo, Futternapf und Co. Eine Extraportion Aufmerksamkeit, ruhiges Reden und ein Pheromonpräparat vom Tierarzt helfen, die aufregende Eingewöhnung entspannter zu überstehen. Soll sich die Katze an Neues gewöhnen, geht das am besten in kleinen Schritten. So auch bei der Umstellung auf eine neue Futtersorte. Verschmäht die Miez das frisch verordnete Spezialfutter, kommt zunächst eine winzige Menge mit ins Leibgericht. Frisst sie das anstandslos, wird der Anteil der neuen Sorte schrittweise erhöht, bis irgendwann nur noch die gewünschte Marke im Napf landet.

Aggressives Spielen

Jungkatzen lieben wilde Spiele, springen auf alles, was sich bewegt. Benutzen sie dabei Zähne und Krallen, wirkt das zunächst harmlos. Trotzdem sollten auch Katzenbabys lernen, dass menschliche Körperteile keine Spielzeuge sind. Wer das Attackieren von Händen und Füßen duldet oder gar unterstützt, gewöhnt die Tiere dauerhaft daran. Sind aus dem zarten Kätzchen irgendwann sechs Kilo Kampfgewicht geworden, die ständig unerwartet auf die Hand stürzen, ist das mehr als eine störende Lappalie. Durch den hoch infektiösen Speichel verursachen Katzenbisse nicht selten gefährliche Entzündungen. Deshalb im Ernstfall Wunden sofort desinfizieren, mit einem Jodpräparat behandeln und den Arztbesuch nicht zu lange hinauszögern. Zählt eine Katze zu den Fans solcherart Lebendspielzeug, endet das Spiel direkt nach dem Angriff. Spielen Sie erst weiter, wenn sich das Tier beruhigt hat. So lernt die Katze, dass auf Attacken Langeweile folgt. Das Tier wird sich langfristig damit abfinden, lieber weniger brutal als gar nicht zu toben. Sie können den Angriff mit einem deutlichen »Nein« kommentieren, wenn das Spiel endet. Bieten Sie Alternativen zum Kampfspiel wie eine Spielangel an, kann die Katze sich austoben, ohne dass es blutet. Werden die Angriffe dennoch fortgesetzt, hilft akut ein Zurückgreifen auf die Katzensprache: Pusten Sie das Tier beim Angriff geräuschvoll an und imitieren so ein Fauchen. Unter Katzen ein unmissverständliches Zeichen dafür, dass das Gegenüber genug hat und der Spaß nun vorbei ist.

Kapitel 6

Wenn der Haussegen schief hängt

Selbst in der besten Beziehung kann es kriseln. Uriniert das Tier auf den Teppich oder verkriecht sich im Schrank, bestimmt das oft den Alltag und macht Katzenfreunde ratlos. Aber fast immer gibt es Hilfe gegen solch störende Verhaltensweisen.

Tickt mein Tier noch ganz richtig? – Umgang mit Katzenjammer

Katzenprobleme sind auch Menschenprobleme, beeinträchtigen sie doch das entspannte Miteinander. Das gilt insbesondere bei Stubentigern. Hier kommt auffälliges Verhalten nicht nur häufiger vor als in der Freigänger-WG, sondern belastet auf so engem Raum auch viel stärker die betroffenen Menschen. Riecht die ganze Wohnung nach Kater-Urin, treibt das selbst den größten Katzenfan zur Verzweiflung. Ebenso wie zwei entschlossene Streithähne auf Samtpfoten, die man nicht unbeaufsichtigt lassen möchte und deshalb kaum noch vor die Tür geht. Manch einer bekommt vielleicht sogar Angst vor seinem plötzlich wild gewordenen Kuscheltiger. Wer das Tier, die Umgebung und sein eigenes Verhalten genau beobachtet, findet manchmal schnell den Grund für das ungewöhnliche Gebaren der Miez und kann so Abhilfe schaffen. In einigen Fällen grenzt die Ursachenforschung hingegen an Detektivarbeit.

Gestört oder lästig?

Hat die Katze eine ausgeprägte Verhaltensstörung? Oder empfinden wir ihr Verhalten nur als störend? Wenn die Katze ihre Menschen zur Verzweiflung bringt, muss es sich nicht immer um eine echte Verhaltensstörung handeln. Manchmal ist Angst die Ursache für den Katzenjammer. Oft lebt das Tier schlichtweg seine natürlichen Verhaltensweisen aus, die in der Wohnung allerdings stören und deshalb als Verhaltensstörung abgestempelt werden. Zerkratzt die Miez die Tapete, weil keine Bäume vorhanden sind, um sie mit den Krallen zu markieren? Das Ist völlig natürlich und kein Zeichen für eine psychische Störung. Allein ärgerlich für den Besitzer, der ein kleines Vermögen für die malträtierte Seidentapete ausgegeben hat. Ausmerzen kann man das natürliche, in der Wohnung jedoch lästige Kratzmarkieren nicht. Aber es mit spannenden Alternativen wie einem Kratzbaum oder einer mit Pappkartons verkleideten Wand so umlenken, dass es weniger stört.
Verwüstet der Rabauke ständig die Einrichtung, fehlt es ihm vielleicht einfach an Alternativen, Bewegungsdrang und natürliches Jagdverhalten auszuleben und überschüssige Energie loszuwerden. Der Schlüssel liegt darin, sich in die Katze hineinzuversetzen und zu verstehen, warum sie etwas macht. Dann scheint es manchmal gar nicht so schwierig, mit kleinen Mitteln wieder Ruhe ins Haus zu bringen. Natürlich können auch Katzen psychische Störungen bekommen. Erkrankungen sind ebenfalls oft Ursache von auffälligen Veränderungen der Katze. Sollte sie sich komisch benehmen, geht der erste Gang zum Tierarzt. Denn es wäre tragisch, wenn man durch ständig neue Griffe in die Katzentrickkiste versucht, Verhaltensprobleme zu lösen, während die Katze eigentlich an einer schmerzhaften, nicht erkannten Erkrankung leidet. Niemand kennt die Katze besser als der Mensch, der mit ihr zusammenlebt. Fällt ihm etwas Ungewöhnliches auf, ist schnelles Reagieren gefragt. Denn ob physisch oder psychisch: Nur unmittelbares Eingreifen verschafft schnelle Abhilfe. Werden die Probleme über lange Zeit verschleppt, wird es immer schwieriger, sie in den Griff zu bekommen. Das gilt ebenso für fortgeschrittene Krankheitsstadien wie für problematische Verhaltensmuster, die im Handeln der Katze bereits fest verankert sind.
Hinter dem Verhalten einer Katze steckt nie böse Absicht. Auch dann nicht, wenn es Menschen Kummer bereitet. Also die Unannehmlichkeiten nie persönlich nehmen.

Was hast du denn?

Um den Problemen auf den Grund zu gehen, brauchen Katzenfans neben detektivischem Spürsinn

Ärgerlich, wenn die Miez die Möbel zerkratzt. Das Kratzmarkieren ist aber ein natürliches Verhalten.

Draußen stört es niemanden, wenn die Katze ihre Krallen schärft und gleichzeitig ihre Visitenkarte hinterlässt.

auch ein wenig Einfühlungsvermögen. Was hat die Katze auf die Palme gebracht? Oft sind Angst und Überforderung die Ursache für ungewöhnliches Verhalten. Meist ausgelöst durch Veränderungen im Revier. Die sind im Falle eines Umzuges oder eines neuen Mitbewohners offensichtlich. Manchmal erscheinen sie aber aus menschlicher Sicht so banal, dass sie nicht direkt ersichtlich sind. Vielleicht bauen die Nachbarn um und die Katze ängstigt sich vor den Geräuschen, die für menschliche Ohren nur halb so schlimm sind. Oder die Miez sieht sich von den Nachbarskindern bedroht, die sie jedes Mal bedrängen und anfassen, wenn sie verängstigt in der Ecke sitzt. Hat die Untersuchung beim Tierarzt keine körperliche Erkrankung ans Licht gebracht, fragt sich zunächst, ob sich die Lebenssituation der Katze verändert hat. Vielleicht haben Sie diese Veränderung gar nicht bemerkt, weil sie sich während Ihrer Abwesenheit oder außerhalb Ihres Sichtfeldes abspielt. Turnt nachts etwa eine fremde Katze auf dem Balkon herum? Bellt der Hund von nebenan im Hausflur, während Sie im Büro sind? Nebensache für Menschen, aber eine große Bedrohung für viele Katzen. Wer die Ursache für die Verhaltensauffälligkeiten kennt, kann diese im besten Fall abstellen, indem er fremde Tiere auf dem Fenstersims durch dort aufgestellte Blumentöpfe vertreibt oder den Besuchern sagt, dass die Katze ihre Ruhe haben möchte, wenn sie sich unter das Bett verzieht. Kann die vermeintliche Gefahr nicht aus dem Weg geräumt werden, lässt sie sich vielleicht etwas mindern. Nachts heruntergelassene Rollläden versperren den Blick auf etwas Bedrohliches. Eine Extraportion Zuwendung hilft, dass die Katze sich trotz ständiger Überstunden im Büro nicht vernachlässigt fühlt. Hat die Miez Angst vor den ein und aus gehenden Handwerkern, rettet sie vielleicht ein während deren Anwesenheit geschlossenes Zimmer, in dem die Katze nicht gestört wird.

Menschliche Stimmungen

Meist ist die Katze nicht nur stiller Mitbewohner, sondern vollwertiger Teil der Familie. Sie fügt sich ins Beziehungsgeflecht der Familienmitglieder ein, teilt mit ihnen Freud und Leid. Hängt der Haussegen zwischen den Menschen schief, bleibt das von den sensiblen Tieren nicht unbemerkt. Die Katze ist verunsichert, weil sie die Situation nicht einschätzen kann. Sie reagiert auf zwischenmenschliche Reibereien ähnlich mit Angst, Aggressionen oder anderen Auffälligkeiten wie Kinder von sich ständig streitenden Eltern. Auch wenn Menschen trauern, krank das Bett hüten oder sich sorgen, lässt das kaum eine Katze kalt. Manch ein Tier wird dann anhänglicher, andere ziehen sich zurück oder zeigen sich angriffslustig. Solche Extremsituationen lassen sich selten vermeiden. Geplagt von Sorge und Trauer noch Zeit zu finden, die Katze zu bemuttern, fällt ebenfalls schwer. Dennoch sollte das irritierte Tier mit einer Extraportion Aufmerksamkeit bedacht werden, damit es sich im Chaos der Situation nicht vergessen fühlt. Ausgelassene Spiele helfen ebenso wie Kuschelstunden auf dem Sofa, aufgestauten Stress abzubauen. Wenn die Katze übermütig hinter dem geworfenen Ball herjagt, entspannt das meist auch menschliche Gemüter. Wer in solch ei-

Problemen auf den Grund gehen

Macht die Miez Probleme, muss zunächst die Ursache gefunden werden:

Gang zum Tierarzt
Vielleicht leidet die Katz unter Schmerzen. Deshalb unbedingt Erkrankungen ausschließen.
Aufmerksamkeit
Bekommt die Katz durch Zeitmangel weniger Zuwendung als sonst?
Neues im Revier
Gibt es offenkundige Veränderungen im Revier wie Renovierungsmaßnahmen, Nachwuchs oder einen neuen Mitbewohner?
Stimmungswechsel
Gibt es Streit, Sorgen oder Stress bei den Menschen, die der Katze Angst machen?
Artgerechte Haltung
Ist die Wohnung artgerecht und erfüllt alle Katzenbedürfnisse? Oder ist eventuell der Kratzbaum kaputt gegangen und noch kein Ersatz beschafft? Steht neuerdings ein Katzenklo weniger zur Verfügung? Zu einem artgerechten Zuhause gehört Zuwendung ebenso wie das Schaffen von Rückzugsplätzen und das Akzeptieren des Bedürfnisses nach Ruhe.
Keine Kleinigkeit
Vielleicht hat sich das Leben der Katze verändert, ohne dass Mensch es bemerkt. Angst löst häufig Problemverhalten bei Katzen aus. Wer sich auf die Lauer legt, entdeckt vielleicht den riesigen Nachbarshund oder eine Baustelle in Blick- und Hörweite.
Hilfe holen
Halten die Probleme an, muss professionelle Hilfe vom Tierarzt oder Verhaltenstherapeuten für Katzen her.

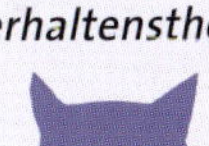

Bewährte Hilfen

Individuelle Probleme brauchen individuelle Lösungen. Trotzdem gibt es ein paar Mittel, die Katzen grundsätzlich helfen, den aus den Bahnen geratenen Alltag leichter zu meistern:

Einfühlungsvermögen

Versuchen Sie, sich in das Tier hineinzuversetzen. Was kann solche Reaktionen hervorgerufen haben und wie muss sich das Tier fühlen, dass es so reagiert?

Toleranz

Macht die Miez auf den Teppich, ist das kein bösartiger Protest, der Menschen ärgern soll. In dieser Situation braucht das Tier Liebe und Verständnis von ihren Menschen statt zusätzlicher Aufregung. Strafe kann die Problematik noch verschlimmern.

Entspannung

Helfen Sie der Katze, bei Spaß und gemeinsamen Kuschelstunden zu entspannen und eventuelle Ängste kurzzeitig zu vergessen.

Ernst nehmen

Lebt die Katze unter dem Sofa oder verrichtet ihr Geschäft auf dem Teppich, ist das keine Lappalie, die man einfach aussitzen kann. Wahrscheinlich leidet das Tier ebenso wie die mit ihm zusammenlebenden Menschen. Die Lebensqualität verbessert nur, wer den Problemen auf den Grund geht.

Rituale

Ein strukturierter Tagesablauf mit festen Futter- und Beschäftigungszeiten hilft gestressten Katzen, sich sicher zu fühlen. Das aus den Bahnen geratene Leben wird durch angenehme Rituale berechenbarer.

ner Ausnahmesituation selber nicht die Kraft zum Bespaßen seiner Katze aufbringt, bittet am besten Freunde oder den Katzensitter, die Miez zu trösten.

Hilfe holen

Nicht immer lässt sich auffälliges Verhalten der Kuscheltiger direkt stoppen. Die Ursachen sind teilweise ebenso unklar wie die Sofortmaßnahmen wirkungslos. In dem Fall müssen neue Behandlungsstrategien her, die speziell auf die Bedürfnisse des tierischen Individuums und dessen Umfeld zugeschnitten sind. Lässt die Besserung also auf sich warten, hilft es in der Regel nur selten, wochenlang mühsam in Eigenregie herumzudoktern. Deshalb sollte das Problem dem Tierarzt oder einem Verhaltenstherapeuten für Katzen erörtert und individuelle Lösungen erarbeitet werden. Solche Hilfe in Anspruch zu nehmen, ist weder peinlich, noch esoterischer Hokuspokus. Sondern ein mittlerweile verbreitetes Mittel, mit unvoreingenommen Blick von außen Tier und Mensch Ärger und Leid zu ersparen.

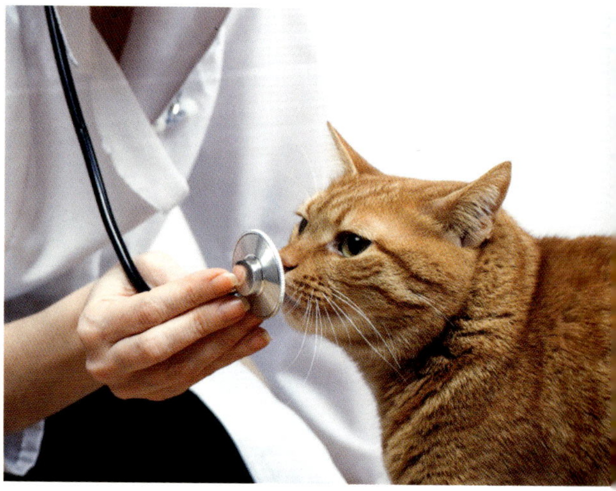

Auffälligem Verhalten muss schnell entgegenwirkt werden. Wer das alleine nicht schafft, holt sich professionelle Hilfe.

Küchenboden statt Katzenklo? – Wenn der Schmusetiger zur Kummerkatze wird

Selbst wenn das Tier fast schon wie ein kleiner Mensch wirkt, unterscheidet sich die Natur der Katze von unserer. Das Tier nimmt Dinge anders wahr, besitzt einen anderen Lebensstil und setzt andere Prioritäten als Menschen. So entstehen häufig Missverständnisse und Ratlosigkeit. Für eine Katze eine Selbstverständlichkeit, auf Veränderungen im Revier zu reagieren und ihre natürlichen Verhaltensweisen auszuleben. Sie kann sich nur eingeschränkt mitteilen und gibt uns so mit ihrem übertrieben scheinenden Verhalten oft Rätsel auf.

Katzenklo, nein danke?

Katzen sind besonders wegen ihrer Reinlichkeit beliebte Haustiere. Die Fellpflege verrichten sie ebenso selbstständig wie den Gang zum Katzenklo. Zumindest im Normalfall. Verteilen sie ihre Hinterlassenschaften andernorts, ist das höchst unangenehm. Kein Problem treibt mehr Katzenhalter an den Rand der Verzweiflung als das Urinieren außerhalb der Katzentoilette. Die Ursachen sind genauso vielfältig wie die stillen Örtchen, die als Ersatz für das Katzenklo herhalten müssen. In dem Fall sollte der erste Gang unbedingt zum Tierarzt führen. Was häufig als Verhaltensstörung oder gar Protest gedeutet wird, entpuppt sich meistens als Blasenentzündung oder andere Erkrankung des Harntraktes. Das bedeutet nicht nur Schmerzen für das Tier, sondern kann oft sogar schneller behandelt werden als wenn die Diagnose psychischer Leidensdruck lautet. Einige Katzenbesitzer finden sogar regelmäßig den Kot ihres Tieres auf Teppich und Fußboden. Auch das ist ein Fall für den Tierarzt. Ist die Katze topfit und noch nicht kastriert, sind die unangenehm riechenden Pfützen außerhalb der Katzenstreu wahrscheinlich ein Anzeichen für die Geschlechtsreife. Eine Kastration schafft fast immer Abhilfe (siehe Seite 32).

Urinieren oder markieren?

Ist das Tier körperlich gesund, kann die Ursachenforschung beginnen. Dazu müssen die Katzenhalter herausfinden, ob es sich bei dem Problem um Markierungsverhalten oder einfaches Urinieren handelt. Denn Pinkeln ist nicht gleich Pinkeln. Das gezielte Markieren mit Harn ist eine kommunikative Tätigkeit, mit der Katzen in Hof und Garten Botschaften verteilen und das Leben im Revier untereinander managen. Draußen Alltag, drinnen lästig. Das unerwünschte Urinieren hingegen dient schlicht und ergreifend dem Leeren der Blase, nur nicht am dafür vorgesehenen Platz.

Es ist nicht immer einfach zu unterscheiden, ob die Katze mit dem Urin gezielt Stellen bespritzt oder wahllos in der Wohnung uriniert. Bei markierenden Katzen handelt es sich nicht immer, aber meistens, um Kater. Das Tier schnuppert normalerweise an der betreffenden Stelle, um dann rückwärts darauf zuzugehen. Oft beginnt der aufgerichtete Schwanz zu zucken, bevor das Tier seinen Urin verspritzt. Die Flüssigkeitsmengen sind in der Regel gering, weil sie nur zum Beduften dienen. Der übliche Urinabsatz findet weiterhin in der Katzentoilette statt. Die markierten Stellen sind entweder senkrechte Oberflächen wie Fenster und Türen oder bestimmte Gegenstände wie die Tasche des Besuchers. Hinterlässt die Katze hingegen den Inhalt ihrer Blase einfach an unerwünschten Stellen, geht sie dazu meist in die Hocke und verliert große Mengen, sofern sie nicht unter einer Blasenentzündung leidet. Bevorzugt werden weiche Oberflächen wie Teppich oder Duschvorleger. Anschließend beginnt wie beim Benutzen des Katzenklos das Verscharren des Geschäfts. Manchmal wirkt Markierverhalten wie unerwünschtes Urinieren, weil die Katze sich hinhockt, um einen auf dem Boden liegenden Gegenstand zu bespritzen. Einige Katzen üben auch

Das Geschäft außerhalb der Katzentoilette gehört zu den häufigsten Problemen im Katzenhaushalt.

beide unerwünschten Verhaltensweisen aus, was das Ganze erschwert. Und nicht jede Katze lässt sich auf frischer Tat ertappen. Das macht die Ursachenforschung besonders in Mehrkatzenhaushalten knifflig. In diesem Fall hilft ein Futterzusatz vom Tierarzt, der den Harn einfärbt und so den Verursacher entlarvt.

Markierverhalten

Markiert die Katze mit dem Urin ihr Revier, gelten diese Botschaften vielleicht einem neuen menschlichen oder tierischen Mitbewohner. Oder wirken die neuen Nachbarn extrem laut, sind Bereiche der Wohnung momentan nicht zugänglich? Vielleicht beobachtet die Katze nachts durchs Fenster Artgenossen, die sich raufen? Versuchen Sie herauszufinden, ob etwas neu ist im Katzenrevier. Manchmal gibt die markierte Stelle bereits Aufschluss über die Ursache. Macht die Katze vor die Balkon- oder Bürotür, die neuerdings geschlossen ist, reicht es wahrscheinlich schon, diese offen stehen zu lassen, damit die Katze das Verhalten einstellt. Uriniert das Tier ans Fenster oder die Wand darunter, lauert die Bedrohung wahrscheinlich jenseits der Scheibe. Wenn sich andere Tiere vor dem Fenster aufhalten, hilft es, die Sicht darauf zeitweise durch heruntergelassene Jalousien oder Abkleben des Glases zu versperren. Macht die Katze nur an eine oder wenige Stellen, kann ein Verändern dieser Plätze Abhilfe schaffen. Beispielsweise mit dem dortigen Platzieren von Futternäpfen. Denn welche Katze möchte schon, dass ihr Futter nach Urin riecht!

Unerwünschtes Urinieren

Hockt die Katze sich zum Urinieren an verschiedene Stellen im Haus, verbietet ihr vielleicht eine andere Katze, das Katzenklo zu benutzen. Oder sie leidet unter Angst, weil sich in der Wohnung oder der Beziehung der Familienmitglieder etwas verändert hat. Die Miez verbindet die Katzentoilette womöglich mit unangenehmen Erlebnissen wie Schmerzen, steht derzeit unter Stress oder wird an ihrem stillen Örtchen durch Geräusche und neugierige Blicke gestört. Beruht die Unsauberkeit auf Stress, hilft ein strukturierter, planbarer Tagesablauf, aufgeregte Gemüter zu beruhigen. Oft liegt der Boykott an der Katzentoilette selber. Sie ist der Katze zu schmutzig, ungünstig gelegen oder aus anderen Gründen unangenehm. Um das herauszufinden, können Sie die Punkte auf Seite 90 (Kasten) schrittweise ausprobieren. Stellt das Tier daraufhin das Verhalten ein, haben Sie die Ursache gefunden.

Flecken entfernen

Warum die Katze auch immer im Haus uriniert oder markiert: In jedem Fall muss die betroffene Stelle gründlich gereinigt werden. Und zwar so gründlich, dass auch die Katze eventuelle Reste mit ihrer feinen Nase nicht wieder erschnuppern kann und so zum Auffrischen des Geruchs verleitet wird. Reiniger mit Ammoniak sind ungeeignet, da sie dem Geruch von Katzenurin zu sehr ähneln. Nach der Reinigung neutralisiert ein Enzymspray aus dem Fachhandel den Geruch. Strafen und wildes Gebrüll sind fehl am Platz. Uriniert die Katze aus Angst, wird diese noch verstärkt. Wenn das Tier auf frischer Tat ertappt wird, reicht ein lautes »Nein« oder Händeklatschen, um die Tat zu unterbinden.

Kämpfe unter Katzen

Während kleine Uneinigkeiten normal sind, wird es zur Tortur, wenn zwei ehemals befreundete Katzen plötzlich zu Kontrahenten werden. Je länger die Situation anhält, desto mehr leiden die Nerven von Mensch und Tier. Manchmal heizt sich die Situation derart auf, dass schon der Sichtkontakt zum Streitauslöser wird, ein Tier nicht mehr das Katzenklo benutzen darf, nur noch hektisch frisst und ansonsten ängstlich auf dem Schrank lebt, während das andere Tier durch sein selbst ge-

Probleme mit dem Katzenklo?

Sind genügend Katzentoiletten vorhanden?
Ein Katzenklo pro Tier ist Minimum. Peniblere Katzen freuen sich über ein zusätzlich aufgestelltes Exemplar.
Ist die Katzentoilette nicht sauber genug?
Befreien Sie die Toiletten öfter als sonst von Ausscheidungen und entfernen eventuelle Spritzer an den Innenwänden mit Seifenlauge.
Ist die Einstreu unangenehm?
Probieren Sie nacheinander verschiedene Streusorten aus. Feinkörnige Streu wird in der Regel am liebsten angenommen. Während mit frischen Düften einparfümierte Sorten nicht unbedingt auf Begeisterung stoßen, sind Babypuderduft und unparfümierte Produkte recht beliebt. Je mehr Streu sich in der Schale befindet, desto eher wird das Scharr- und Reinlichkeitsbedürfnis erfüllt.
Ist das Katzenklo unangemessen?
Viele Exemplare sind zu klein für ausgewachsene Katzen. Haben Sie eine kleine Katzentoilette, stellen Sie eine größere auf. Wenn Sie eine Haubentoilette besitzen, nehmen Sie versuchsweise den Deckel ab. Das kann Wunder wirken. Umgekehrt können Sie Schalentoiletten probehalber mit einem Deckel abdecken.
Steht das Katzenklo ungünstig?
Stellen Sie die Katzentoilette in eine ruhige Ecke, an der nur selten jemand vorbeiläuft.
Riecht es streng?
Wenn Sie sonst einen scharfen Reiniger zum Säubern benutzen, reinigen Sie die Katzentoilette mit dezent riechender Schmierseife oder Neutralreiniger.

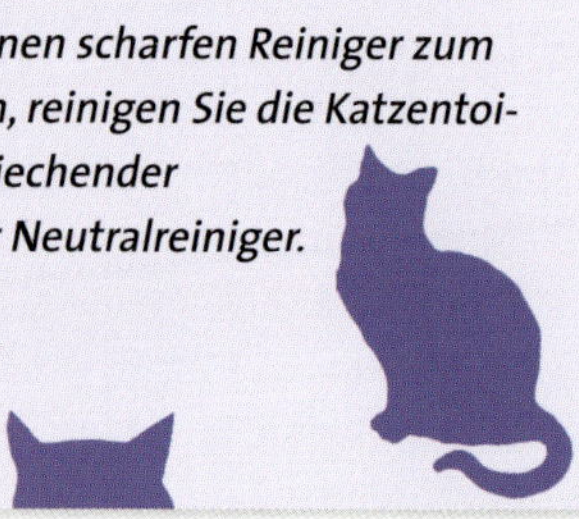

schaffenes Terrorregime samt Kontrollwahn ebenfalls kaum noch zur Ruhe kommt. Damit es nicht soweit kommt, sollte der Mensch schnell handeln. Ursache kann der Klinikaufenthalt einer Katze sein, die nach der Rückkehr fremd riecht. Oder das Revier hat sich so stark verändert, dass Angst und eine Neuaufteilung der Revierrechte die Folge sind. Auch Stress anderer Art kann die sensiblen Tiere aus der Fassung bringen. Neugierige Nachbarkatzen am Fenster lösen ebenfalls solche Reaktionen aus. Da die Katze, die sich von ihr bedroht fühlt, nicht an das Tier jenseits der Scheibe herankommt, muss die befreundete Katze in der Wohnung als Ersatz herhalten. In dem Fall ist ein Versperren der Sicht auf den Eindringling ratsam.
Wie bei allen Katzenproblemen hilft auch hier Einfühlungsvermögen, um Ursachen zu finden und abzustellen. Ebenso empfiehlt sich der Gang zum Tierarzt, da Schmerzen zu solchen Wutausbrüchen führen können. Außerdem werden kranke Katzen häufig Opfer derartiger Attacken.
Beste Sofortmaßnahme bei einem heftigen Kampf ist die Trennung der Streithähne. Um selber kurz durchatmen zu können und Kraft zu tanken sowie den Katzen eine Verschnaufpause zu gönnen. Je unmittelbarer man eingreift, desto eher ist das Problem zu lösen. Ansonsten setzen sich die neuen, unerwünschten Verhaltensmuster dauerhaft in den Katzenköpfen fest. Wie im Abschnitt über die Zusammenführung zweier, unbekannter Katzen beschrieben, werden die Kämpfer mit Hilfe einer Decke getrennt und in verschiedene Räume gesperrt. Das empfinden insbesondere die ängstlichen Tiere meist nicht als Strafe, sondern als Beruhigung. Schließlich sind sie nicht nur ein-, sondern das angriffslustige Tier auch ausgesperrt. Haben die Katzen sich beruhigt, ist es Zeit für die Fütterung. Die wird wie gewohnt gemeinsam durchgeführt, so als wäre nichts gewesen. Im besten Fall läuft jetzt alles wieder prima. Wenn nicht, werden die Streithähne erneut getrennt

Angriffe können verschiedene Ursachen haben. Oft ist Angst, manchmal aber auch ein Missverständnis, der Auslöser.

und wie im Abschnitt über die Vergesellschaftung beschrieben schrittweise zusammengeführt. Auch das erwähnte Beduften beider Tiere mit Sahne oder Thunfischöl kann beim ersten Wiedersehen helfen.

Angriffe auf Menschen

Fällt die Katze beim Spielen, Streicheln oder aus dem Hinterhalt Hände und Füße ihres Menschen an, wird das Durchqueren der Wohnung zum Spießrutenlauf. Mögliche Ursachen sind neben Schmerzen auch Übermut, Angst oder Missverständnisse in der Kommunikation zwischen Mensch und Katz. Letztere liegen vor, wenn die Angriffe beim Streicheln erfolgen (siehe Seite 62). Hier hilft genaues Beobachten der sich räkelnden Katze. Ändert sich ihre Haltung, verkrampft sie, ist gar ein Zucken am Rücken oder der Schwanzspitze zu sehen, sofort aufhören. Sie hat nun genug von der Kuschelstunde. Greift das Tier beim gemeinsamen Spielen an, muss es hingegen lernen, dass Menschenkörper keine Spielzeuge sind (siehe Seite 81). Der Energie geladene Angreifer benötigt außerdem Alternativen, um sich auszupowern. Selbiges gilt für Attacken aus dem Hinterhalt. Wenn das Tier sich lauernd unterm Tisch versteckt und sich wild auf die Füße des nahenden Menschen stürzt, treibt sie der aufgestaute Jagdtrieb. Zu dessen Befriedigung müssen andere Spiele her (siehe Kapitel »Spannende Spiele für Stubentiger«). Katzen kratzen und beißen auch aus Angst, wenn sie sich bedroht fühlen. Wird die scheue Katze unterm Bett hervor gezerrt oder angefasst, obwohl sie ängstlich in der Ecke hockt, hat sie keine anderen Mittel, sich gegen die vermeintlichen Angriffe des Menschen zu wehren. Hier hilft nur die Akzeptanz gelegentlicher

Katzen lernen, vermeintlichen Gefahren aus dem Weg zu gehen. Phobien vor bestimmten Gegenständen kann man aber abtrainieren.

Rückzüge der Katze. Fassen Sie das Tier nur an, wenn es auf Sie zugeht. Auch das Hochheben und Tragen ist nicht jederkatz Sache und wird mit solch heftigen Reaktionen beantwortet.

Angst

Katzen lernen in freier Wildbahn, Gefahren aus dem Weg zu gehen, um zu überleben. Auch im Haushalt wird das Tier alles meiden, was ihm bedrohlich erscheint. Konfrontationstherapie ist seine Sache nicht. Nun liegt es am Menschen, ihr die Angst zu nehmen. Fürchtet sich die Katze vor bestimmten Gegenständen, kann man sie ihr relativ leicht nehmen. Wie im Abschnitt Erziehung beschrieben, helfen Spiel- und Kuschelstunden in der Nähe der bedrohlichen Gegenstände, sie harmloser wirken zu lassen. Der Trick liegt darin, die Katze nicht dorthin zu zerren, da das die Angst nur verstärkt. Mit ein paar Anreizen ermutigt muss sie sich aus eigenem Antrieb dem verhassten Gegenstand annähern. Danach folgt eine Belohnung und die Katze wird schrittweise immer näher an das Furcht einflößende Ding herangeführt. Hat die Katze ein ängstliches Wesen und ist generell schreckhaft, brauchen Menschen eine Menge Geduld. Vielleicht hat das Tier schlechte oder nur wenige Erfahrungen mit Menschen gemacht und kann die Zweibeiner nur schwer einschätzen. Hier ist es besonders wichtig, das Tier nicht zu bedrängen und den ersten Schritt selbst unternehmen zu lassen. Zeigen Sie der Katze, dass Sie zwar anwesend sind, aber keine Bedrohung darstellen. Reden Sie leise vor sich hin, wenn Sie sich in der Nähe des Angsthasen aufhalten, aber beachten ihn sonst gar nicht. Wer mag, kann sich auch neben die Katze setzen und aus einem Buch vorlesen, ohne das Tier dabei anzusehen. Wirkt es einigermaßen entspannt, können kleine Annäherungsangebote folgen, indem man vorsichtig ein Spielzeug über den Boden zieht, ohne der Katze zu Nahe zu kommen. Wer sich auf den Boden setzt oder legt, wirkt in Katzenaugen nicht mehr so gefährlich und kann das Tier vielleicht davon überzeugen, den Menschen zu beschnuppern. Bei scheuen Tieren ist absolute Zurückhaltung gefragt. Zwar soll das Tier durch regelmäßige Anwesenheit der Menschen lernen, dass diese ihr nichts antun, aber jeden Schritt der Kontaktaufnahme selbst bestimmen. Greift man plötzlich nach der Katze, wenn sie sich vorsichtig nähert, fühlt sie sich in ihrer Angst nur bestätigt und Rückschritte sind vorprogrammiert. Das Vertrauen solch einer ängstlichen Katze zu gewinnen, kann Monate dauern. Der Schlüssel zur Seele der Katzen ist Geduld.

Zufriedene Stubentiger

Katzen faszinieren. Auch wenn sie dieselben Grundbedürfnisse haben, gibt es so viele unterschiedliche Charaktere, dass sie sich nur schwer in Schubladen stecken lassen. Vorlieben, Ängste, Verhaltensweisen und sogar Ausdrucksformen ähneln sich zwar im Kern, zeigen sich aber bei jedem Katzenindividuum anders. In diesem Punkt scheinen die Samtpfoten uns erstaunlich ähnlich.

Unmöglich, so viele Charaktertypen mit all ihren Bedürfnissen und dessen Hintergründen in einem einzigen Buch so detailliert zu berücksichtigen, dass der Leser anschließend alles nur Erdenkliche über seinen vierbeinigen Freund weiß. Schließlich lernt nie aus, wer mit einer Katze zusammenlebt. Wer glaubt, endlich alles über Minka oder Miezi zu wissen, wird von ihr regelmäßig eines Besseren belehrt. Aber gerade diese immer neuen Entdeckungen an den geheimnisvollen Wesen sind es ja, die die gemeinsame Zeit mit einer Katze so spannend machen.

Vielleicht konnte dieses Buch zumindest ein paar Geheimnisse über Ihre Samtpfote lüften und Ihnen helfen, einige Verhaltensweisen besser zu verstehen.

Auf eine schöne Partnerschaft mit Ihrer Katze!

Nina Ernst beschäftigt sich seit Jahren mit dem Wesen und Verhalten der Katzen. Bei ihrer Arbeit als freie Journalistin schreibt sie für verschiedene Magazine und Zeitungen. Während sich bei ihren Interviews und Reportagen alles um Kultur und Unterhaltung dreht, stehen in ihrer Freizeit die Vierbeiner im Vordergrund. Die erfahrene Katzenhalterin lebt derzeit mit zwei Samtpfoten in Hamburg und arbeitet ehrenamtlich im Tierheim. Ein Leben ohne Katzen? Für sie unvorstellbar. Ihr besonderes Interesse gilt dem Lern- und Sozialverhalten der Samtpfoten.